靠AI搞定

任康磊◎著

人民邮电出版社

北 京

图书在版编目（CIP）数据

靠 AI 搞定 / 任康磊著. -- 北京 ： 人民邮电出版社,
2025. -- ISBN 978-7-115-67182-0

Ⅰ. TP18

中国国家版本馆 CIP 数据核字第 2025CA6228 号

◆ 著　　　　任康磊

责任编辑　徐竞然

责任印制　周昇亮

◆ 人民邮电出版社出版发行　　北京市丰台区成寿寺路 11 号

邮编 100164　电子邮件 315@ptpress.com.cn

网址 https://www.ptpress.com.cn

固安县铭成印刷有限公司印刷

◆ 开本：880×1230　1/48

印张：5.25　　　　　　　　2025 年 8 月第 1 版

字数：95 千字　　　　　　　2025 年 10 月河北第 2 次印刷

定价：29.80 元

读者服务热线：(010)81055296　印装质量热线：(010)81055316

反盗版热线：(010)81055315

 **引言**

想象一下，不用花一分钱，就能拥有专属的 AI 小秘书，帮你搞定从写方案、做表格到安排日程的所有杂活，简直是"打工人"的梦中情"秘"！

它就像一位不知疲倦的全能助手，轻松帮你把那些重复又无趣的工作打包解决。无论是耗时的、烦琐的、复杂的……只要找对方法，交给 AI，统统不在话下，瞬间就能完成，直接把你从琐事中解放出来。

AI 就像哆啦 A 梦的口袋，各种神奇功能随你掌控。也因此，这本书堪称"年轻人驯化 AI 指南"，不仅会为你展示 AI 在各个场景的神奇应用，还会教你如何无缝对接 AI。

用超实用的交互技巧让 AI 帮忙，你才能一头扎进那些需要创意的、无可替代的工作里，尽情发挥自己的奇思妙想；又或者在忙碌的生活里，找回那份久违的闲适，窝在沙发上读一本好书，约上好友来一场说走就走的旅行，尽情享受生活的趣味。

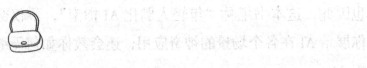

目录

第 1 章

认识你的 AI 伙伴

第 2 章
和 AI 沟通的 5 个黄金法则

03 第3章

新手必学：10个常见的AI应用场景

04 第4章

AI 可以帮你做的 100 件事

第 1 章

认识你的 AI 伙伴

在智能化、信息化、数字化时代，AI（人工智能，Artificial Intelligence）以其强大的功能，以多种形态的工具形式，成为我们工作、生活、学习中不可或缺的超级助手。

目前主流的 AI 和 AIGC 类（人工智能生成内容，Artificial Intelligence Generated Content）工具可以分成九大类，每一类都有其独特的功能，能满足我们不同类型的需求。

1.1 综合类 AI 工具：万能钥匙型助手

综合类 AI 工具并不专精于解决某个特定领域的问题，这类工具就像万能钥匙，能开很多把锁，但它们并不是真的"万能"，很难集成 AI 类工具的所有功能，而且在一些专项应用上，可能不如那些有针对性的 AI 工具表现得好。

综合类 AI 工具的主要功能有以下几种。

1. 一站式内容生成：通常融文本写作、提炼总结、语言翻译、内容转换、作图设计等功能为一体。用户不需要在多个工具间频繁切换，即可轻松满足内容需求。

2. 信息搜索和疑问解答：用户可以直接搜索想要的信息和资源，无须切换到其他应用。

3. 个性化推荐：能够根据用户的要求，或通过分析用户的行为和偏好，精准推荐内容、产品或服务。

4. 智能分析和决策建议：能够帮助用户分析数据、整合知识、洞悉本质，从而发现潜在的趋势和问题；也可以规划方案或生成建议，为用户做决策提供有力支持。

典型的综合类 AI 工具有：DeepSeek、文心一言、豆包、Kimi、海螺 AI、通义千问、ChatGPT、Claude、Gemini 等。

1.2　写作类 AI 工具：文本创作型助手

写作类 AI 工具的主要功能有以下几种。

1. 提供建议与生成内容：能够根据用户输入的文本内容、风格和要求，提供智能化的写作建议；也可以根据用户需求，直接生成符合语境、风格多样的文本内容；还能识别并纠正错误，提升文本质量。

2. 文本分析与优化：能分析用户提交的文本内容，评估其可读性、逻辑性、情感表达等方面，并提出针对性的优化建议。

3. 激发灵感与拓展创意：能根据用户要求生成一系列创意点子、故事线索或写作框架，激发创作灵感；也能根据用户的写作习惯和风格，推荐相关图书、文章或网络资源。

4. 实时协作与反馈：对于需要多人协作的文本创作项目，能够提供实时的协作平台和反馈机制，并跟踪和汇总团队成员的修改意见，提供智能化的整合和优化建议。

典型的写作类 AI 工具有：Notion AI、Grammarly、写作猫、彩云小梦等。

1.3 作图类 AI 工具：图像设计型助手

作图类 AI 工具的主要功能有以下几种。

1. 模板生成与设计：能够基于关键词、主题或设计风格，自动生成符合要求的图像设计模板，并能根据用户偏好和需求进行调整。

2. 素材匹配与整合：能自动搜索并匹配与用户需求相关的图像、图标、字体等素材。这些素材能根据设计主题和风格进行智能整合，确保设计作品整体协调。

3. 色彩搭配与调整：能根据设计主题和风格，为用户提供智能色彩搭配建议。用户还可以根据需要对色彩进行微调，以获得更加个性化的设计效果。

4. 实时预览与反馈：提供实时预览功能，使用户可以随时查看设计效果；还能对用户的操作提供即时反馈，指出可能存在的问题和改进建议。

典型的作图类 AI 工具有：Midjourney、DALL-E、Recraft、LibLibAI、稿定设计、可画等。

1.4 视频类 AI 工具：影片创作型助手

视频类 AI 工具的主要功能有以下几种。

1. 脚本生成与创意激发：不仅能根据用户的关键词、主题或故事梗概，自动生成视频脚本，还能根据用户偏好调整风格，如悬疑、喜剧、爱情等，甚至能生成多个创意方案，帮助用户突破创作瓶颈。

2. 拍摄指导与场景构建：能够根据脚本内容，为用户提供拍摄指导，包括镜头选择、拍摄角度、光线运用等。

对于新手，能够提供虚拟拍摄预览，帮助用户调整拍摄计划。在场景构建方面，能利用三维建模技术，快速生成逼真的虚拟场景，为视频创作提供丰富的视觉元素。

3. 视频剪辑与后期处理：能自动识别影片中的镜头切换点、音频节奏等关键要素，根据用户设定的风格或模板，自动生成流畅的剪辑方案；还支持智能颜色校正、音效处理、特效添加等功能，使视频的后期处理更加高效、专业。

4. 视频推荐与生成：能够基于用户的历史观看记录、喜好及当前趋势推荐视频，还能根据用户的具体需求，如企业宣传、个人 Vlog、婚礼视频等，生成符合要求的定制化视频内容。

典型的 AI 视频制作软件有：可灵、即梦、PixVerse 等。

典型的 AI 视频剪辑软件有：剪映、秒剪、必剪等。

1.5 音频类 AI 工具：音乐创作型助手

音频类 AI 工具的主要功能有以下几种。

1. 作曲编曲：能够根据用户输入的旋律、和弦或风格要求等，自动生成符合要求的音乐片段、完整曲目甚至复杂的编曲；能模拟多种音乐风格，如古典、流行、爵士、电子等，为创作者提供丰富的创作素材和灵感来源；有的还支持用户自定义音乐元素，如乐器类型、节奏模式、音量动态等，使创作过程更加灵活多样。

2. 音乐风格转换与模仿：能够分析并学习特定艺术家或音乐流派的风格特征，然后将这些特征应用于新的音乐作品中。

3. 音频分析与修复：能够自动检测音频文件中的噪声、失真等问题，并用算法进行修复和优化，提高音频质量；

还能分析音频文件的节奏、音高、音色等特征，为创作者提供详细的分析报告和建议。

4. 音乐推荐与生成： 能够根据用户的偏好和听歌历史推荐音乐，还能根据用户的特定需求，如场合、情绪、活动等，生成符合要求的定制化音乐作品。

典型的音频类 AI 工具有：Suno、Amper Music、海绵音乐、和弦派等。

1.6 办公类 AI 工具：提升效率型助手

办公类 AI 工具的主要功能有以下几种。

1. 辅助处理数据或 Excel： 能够高效处理和分析大量数据，从简单的数据整理、报表生成，到复杂的数据挖掘、模型构建，都能轻松应对。

2. 辅助制作 PPT： 能够根据用户提供的文字信息，自动生成美观、专业的 PPT 模板，支持智能排版、色彩搭配、动画效果等功能。用户只需简单调整，即可快速完成高质量的文档制作。

3. 辅助翻译： 能够快速准确翻译邮件往来、会议记录、合同文档等。有的还具备语音翻译、图片翻译等多种功能，满足用户多样化的需求。

4. 拓展功能： 如智能日程管理、邮件分类与自动回复、语音转文字、文字转语音、编程等。

典型的 AI 协助 Office 应用的软件有：WPS AI、Microsoft Office Copilot 等。

典型的 AI 协助做 PPT 的软件有：AiPPT、LivePPT、Gamma 等。

典型的 AI 翻译软件有：有道翻译官、沉浸式翻译、彩云小译等。

1.7 笔记类 AI 工具：知识总结型助手

笔记类 AI 工具的主要功能有以下几种。

1. 智能识别与录入：能够抓取会议记录、课堂笔记、线上课程、网页内容、图书摘录等信息，并自动转化为结构化文本，大大节省手动书写或输入的时间。

2. 自动归纳与整理：能够分析文本内容，自动提取关键词、主题，生成摘要；能根据笔记内容进行智能分类和标签化，帮助用户快速定位所需信息。一些高级工具还能识别笔记中的逻辑关系，如因果关系、对比关系等，进一步促进知识的深度理解。

3. 构建知识图谱：能够构建个性化的知识图谱，便于用户直观理解知识间的联系；还支持基于图谱的搜索、推理和预测，为理性决策、激发创意提供依据。

4. 智能提醒与安排复习计划：能够基于用户的学习习惯、笔记的重要性及遗忘曲线原理，智能安排复习计划。

5. 跨设备同步与协作：通常支持多平台同步，在手机、平板或电脑等不同设备上，用户能随时随地访问自己的笔记库；具备团队协作功能，允许团队成员共享笔记、协同编辑。

典型的笔记类 AI 工具有：讯飞星火、Get 笔记、印象笔记等。

1.8 搜索类 AI 工具: 信息获取型助手

搜索类 AI 工具的主要功能有以下几种。

1. 精准内容推荐: 能够基于用户的历史搜索行为、兴趣偏好以及当前上下文,智能推荐相关信息,甚至预测用户可能感兴趣的领域。

2. 结构化信息展示: 能够从海量信息中提炼关键信息,以结构化的形式(如表格、图表、摘要等)呈现出来,帮助用户更快理解复杂信息,提高决策效率。

3. 跨平台整合搜索: 能够整合来自网页、社交媒体、学术论文、数据库等不同渠道的信息,确保用户获取更全面、多元化的信息资源。

4. 交互式问答体验: 有的支持语音输入、对话式交互,甚至结合虚拟助手形象,提供更加自然、流畅的问答体验。

这使得不同年龄段、不同技术水平的用户都能轻松获取信息。

典型的搜索类 AI 工具有: 秘塔 AI 搜索、Perplexity、百度、谷歌等。

1.9 辅导类 AI 工具: 家庭教育型助手

辅导类 AI 工具的主要功能有以下几种。

1. 智能答疑: 能够提供即时解答和清晰的解题思路,以图文、视频等形式详细解析,帮孩子深入理解知识点。

2. 批改作业: 能够识别手写答案,检测错误,自动、准确地批改孩子作业,提供正确答案或解题思路,帮助孩子及时查漏补缺。一些工具还能分析错误类型,为孩子定制针对性的练习。

3. 制订个性化学习计划： 能够基于孩子的学习进度、能力水平及偏好，生成个性化的学习计划，涵盖日常复习、新课预习、兴趣拓展等内容，激发孩子的学习兴趣和动力。

4. 学习进度跟踪与反馈： 能够通过持续收集与分析数据，实时跟踪孩子的学习进度和表现，并生成详细的反馈报告，为孩子提供反思和改进依据，也让家长全面了解孩子的学习状况。

典型的辅导类 AI 工具有：豆包爱学、海豚 AI 学、九章随时间、作业帮、猿辅导等。

第 2 章

和 AI 沟通的 5 个黄金法则

你向 AI 提问的质量，决定了 AI 答案的高度。

和 AI 沟通，需遵循 5 个黄金法则。

2.1 法则一：明确具体

要确保问题明确具体，因为模糊或笼统的问题往往会导致 AI 产生误解或给出无效答案。

一个错误的例子是："帮我写一份人工智能在医疗领域应用的报告。"这个问题就太过宽泛，缺乏具体信息，AI 很难生成满足要求的报告。

正确的提问类似这样：

"请为我撰写一份主题为"探讨以 Transformer 为代表的人工智能技术在脑卒中领域的应用及对该领域的影响"的报告。

写这份报告的目的是分析以 Transformer 为代表的人工智能技术在脑卒中这个医疗领域的应用现状，包括但不限于诊断辅助、疾病预测、个性化治疗、药物研发、患者管理等方面；探讨人工智能技术在提升医疗服务效率、降低医疗成本、改善患者就医体验等方面的潜力；展望人工智能在该领域的未来发展趋势，提出可能面临的挑战和应对策略。

请采用学术严谨的风格撰写，注重逻辑性和条理性，避免使用过于口语化或随意的表述。请引用近三年核心期刊文献和数据来支持观点，确保报告的权威性和可信度。

报告总长度约为 2000 字，可根据内容需要适当调整，但请确保内容完整且深入。"

分析：

这样的提问中明确指出了主题、目的、字数和风格，有助于 AI 生成高质量的报告。

2.2 法则二：结构化提问

要结构化地提出需求或问题，即将大问题分解为逻辑清晰的小问题，分步骤提问，这样的表达方式能显著提高 AI 解决问题的效率和准确性。

以下为一个错误案例：

"帮我规划一次欧洲旅行，包括从出发到返回的机票安排，在各个城市的酒店安排，每个城市的景点安排，当地特色美食、交通方式选择，还有旅行保险的建议。"

分析：

该需求过于宽泛且复杂，未将问题分解为具体的、逻辑清晰的子问题，可能导致 AI 提供的方案混乱、缺乏针对性或逻辑连贯性。

正确的做法是将上述需求分成多个子任务，如下。

1. "我想去欧洲旅行，全程为 10 天，帮我整体规划一下旅行方案。"

2. "帮我查找 20×× 年 × 月从上海飞往巴黎的航班最低价格，我希望知道所有直飞和转机的方案中，时间最短的航班。"

3. "给我推荐几个巴黎必玩的景点，如埃菲尔铁塔、卢浮宫等。我希望在景点拍照发朋友圈，帮我推荐适合在这些景点拍照的地方和拍照角度。"

4. "给我推荐一些巴黎当地的特色美食和相应餐厅，比如法式鹅肝的知名餐馆。"

5. "我想住在巴黎便于出行、到推荐景点交通比较方便的酒店，每晚住宿预算不超过 500 欧元，我希望酒店有免费早餐，给我推荐一些酒店。"

6. "给我推荐一份旅行保险，覆盖整个欧洲行程，保障范围包括人身财产安全、医疗、行李丢失和行程取消等，并告诉我保险费用和购买方式。"

…………

分步骤、详细地提出需求，AI 才能逐一、高效地满足你的需求。

2.3 法则三：持续反馈迭代

要持续根据 AI 输出的结果向 AI 提供反馈，不断迭代，以获得最佳答案。需要注意的是，反馈也应明确具体。

错误例子：

"你生成的这篇文章不好。"（小李使用 AI 来辅助撰写主题为"未来城市交通发展"的文章，在 AI 提供初稿后，小李给出了这样的反馈。）

分析：

反馈笼统，没有明确指出需要改进的地方，导致 AI 无法有效地优化文章。

正确例子：

"你生成的这篇文章语言风格偏向于技术报告，使用了大量专业术语，而我希望文章更加通俗易懂，让非专业读者也能轻松理解。比如，文章中提到的'智能交通系统'可以进一步解释为'利用先进技术和数据分析优化交通流量、提高道路安全性的系统'。另外，文章的结构略显混乱。我希望内容结构可以按照'现状—问题—解决方案—未来展望'的逻辑顺序重新组织。"

分析：

明确指出了 AI 生成文章的语言风格不符合要求且结构混乱，并具体说明了自己的要求。

2.4 法则四：理解 AI 的局限

尽管 AI 技术在不断进步，但仍存在局限，比如在道德伦理、主观价值判断、理解复杂情感、进行创造性思考或处理超出训练范围的问题等方面，AI 仍然存在不足。也就是说，很多需求或问题，AI 无法直接给出答案。

所以，有必要考虑 AI 的局限性，避免设置超出其能力范围的任务。

错误例子 1：

"AI，AI，告诉我，谁是这个世界上最美丽的人？"

分析：

美丽这个概念是主观的，每个人都有自己的标准，有人注重外在，有人注重内在。就算是纯外在，每个人的审美标准也不同。

错误例子 2：

"在这种情况（道德伦理领域）下，我怎么做才是对的？"

分析：

AI 可以基于规则或数据提出建议，但在涉及复杂道德伦理判断时，AI 缺乏人类的价值观和道德观，无法做出符合人类伦理标准的判断。

2.5 法则五：让 AI 反思

第五个法则是，让 AI 反思。

AI 并非全知全能，它的回答可能包含错误信息或逻辑漏洞。让 AI 反思的核心在于：将 AI 从答案提供者转变为思考协作者，通过引导它对自身输出进行验证和迭代，提升结果的准确性与可靠性。

错误例子：

"分析 2023 年中国新能源汽车市场格局，输出市场占有率前三的品牌及其核心竞争优势。"

AI 回复中显示"品牌 A 市场占有率 35%"，但未标注数据来源。

分析： 未要求 AI 验证信息来源，导致报告中可能包含虚构数据，直接影响决策可信度。

正确例子：

初步输出："请根据公开资料，分析 2023 年中国新能源汽车市场格局，列出市场占有率前三的品牌及其核心竞争优势。"

数据验证："请说明上述市场占有率数据的来源，并确认这些数据是否来自国家统计局、中汽协或上市公司财报等权威渠道。"

逻辑审查："请用 SWOT 分析法重新审视品牌 B 的竞争优势，检查是否存在未考虑的政策风险或供应链影响因素。"

通过这种方式，市场部员工发现 AI 最初提供的品牌 B 的成本优势实际上忽略了电池原材料的价格波动因素，并及时修正了分析维度。

第 3 章

新手必学: 10 个常见的 AI 应用场景

3.1 场景一：面对 AI 无话可说时怎么办

1. 先问宽泛问题打开思路

你可以试着从一些宽泛但富有启发性的话题入手。

比如："我最近工作上感觉力不从心，你能帮我分析一下可能的原因并给出建议吗？""我对人工智能领域的最新发展感兴趣，但不知道从何入手，你能给我推荐一些入门的学习路径或资源吗？"这样的开放式问题能够打开 AI 的话匣子，让它为你提供思路。

2. 试试抛出具体问题

如果你还是觉得有些迷茫，不妨把你的困惑具体化，不要放过微小、琐碎的细节。

比如："我在使用 Excel 处理数据时，总感觉效率低，有没有一些快捷键或技巧能提高我的数据处理速度？""我在写报告时，总觉得很难准确表达自己的观点，我想写出清晰、有条理的报告，你有什么建议吗？"

3. 继续追问

你可以根据 AI 的初步回答，进一步细化你的问题，提出新的疑问。

比如，如果 AI 给你推荐了一些数据分析工具，你可以接着问："这些工具中，哪个最适合处理大规模的数据集？有没有一些教程或案例可以帮助我快速上手？"这样的持续反馈和迭代能够让你逐步发现问题核心，并与 AI 展开更深入有效的对话。

3.2 场景二：当 AI 答非所问时怎么办

1. 检查自己的问题表述

首先要冷静，检查自己的问题表述，试着用更直接、更明确的语言重新阐述问题，比如："我其实是想问……而不是……"

如果你发现 AI 误解了你的意图，可以提供更多背景信息来引导它，比如："你误解了我的问题，这里有一些背景信息需要你知道……"

2. 换个角度提问

如果问题依旧存在，可以试着换个角度提问，或者明确指示 AI 换个角度回答："我希望你从不同的角度，生成5 个版本。"然后你根据 AI 的回答，找到你需要的角度，再进一步向 AI 提出需求。

3. 保持耐心和信心

与 AI 沟通就像和一个新朋友交流，双方都需要时间去适应彼此的表达方式和理解习惯。不要因为一两次的答非所问就失去信心。

3.3 场景三：当 AI 胡言乱语时怎么办

AI 输出的信息并不总是准确、可靠或符合逻辑的，甚至可能会出现"胡说八道"的情况。当 AI 胡言乱语时，我们该怎么办呢？

1. 保持批判性思考

面对可能错误的信息，可以问 AI："你能提供这个信息的可靠来源吗？"如果 AI 无法提供，或者信息明显有误，你可以指出并要求它改正："我认为这个信息不准确，请你重新核实并给出正确的答案。"

2. 设置校验规则

你也可以设置一些基本的校验规则，比如要求 AI 在提供数据或事实时附上引用链接。这种方式可以有效减少错误信息的出现，提升 AI 回答的可信度。

3. 通过多种渠道验证

如果还是对 AI 提供的信息存疑，可以尝试验证 AI 的说法，比如通过搜索引擎、学术数据库、专业论坛等多种渠道查找相关信息，或咨询领域内的专家、学者。

4. 必要时候报告

假如你发现 AI 存在情节严重的胡言乱语、传播虚假信息或危害人民财产安全的情况，也可以及时向软件厂商反馈，或向有关部门报告。

3.4 场景四: 当 AI 长篇大论时怎么办

1. 直接要求 AI 精炼

你可以说: "能否帮我总结一下这个答案的主要观点? "这样的请求能够让 AI 意识到你需要的是简洁明了的信息, 而非事无巨细的阐述。

例如, 你询问 AI 一个关于科技发展趋势的问题, AI 给出了一篇涵盖多个方面、长达数千字的文章。此时, 你可以要求 AI 提炼出未来五年内最有可能实现的技术突破, 以及这些突破对日常生活可能产生的影响。

2. 增加长度限制要求

比如, 你可以告诉 AI: "我希望得到的回答不超过 500 字, 请精简一下。"

例如, 你在查询一个关于健康饮食的建议, AI 列出了一系列的食物及其营养成分和烹饪方法。通过限定字数，你可以让 AI 只提供最核心、最实用的建议，如每天应摄入的蔬菜种类和数量，以及简单的烹饪技巧。

3. 自己提炼关键信息

在阅读 AI 的长篇回答前，先思考一下自己真正想要了解的核心内容是什么。是寻找一个具体的解决方案，还是想要了解某个领域的概况？然后只阅读与自己需求密切相关的段落或句子。

3.5　场景五：当 AI 缺乏创意时怎么办

1. 提供明确的灵感来源与风格指导

当 AI 面对一个全新的、没有足够数据支撑的任务时，可能会显得力不从心。这时，你可以为 AI 提供明确的灵感来源和风格指导，帮助它在特定的框架内发挥创意。

例如，你需要一个环保主题的创意广告文案，而 AI 似乎无法给出令人满意的方案。你就可以这样引导它："我需要一个环保主题的创意广告文案，灵感来源于海洋塑料污染问题，风格要幽默风趣，目标受众是职场人。"

2. 设定具体的限制条件与创作规则

有时候，过于宽泛的创作任务会让 AI 无所适从。这时，你可以为 AI 设定一些具体的限制条件和创作规则，帮助它缩小创作范围，从而更容易产生创意。

比如，你希望 AI 为你设计一款既实用又美观的便携式水杯。你可以说："这款水杯的容量要在 300 到 500 毫升之间，材质必须是环保的，外观风格要简约时尚，适合年轻人使用，而且要有防漏功能。"

3.AI 与人类创意结合

当 AI 缺乏创意时，你可以考虑结合人工智能与人类创意的优势，共同完成任务。

比如，在创作一部科幻电影剧本时，你可以先让 AI 生成一些基于大数据和算法的故事梗概和角色设定，然后在此基础上进行深加工和创作，融入自己的情感和想象力，使剧本更加生动、有趣。

3.6 场景六：当 AI 无法理解复杂指令时怎么办

1.把大问题变成小问题

当 AI 似乎理解不了你的指令时，可以尝试将问题分解成更小、更具体的问题。比如，你正在准备一份关于市场营销策略的报告，需要 AI 帮忙收集和分析数据。你可以将指令分解为以下几个步骤。

（1）基础资料收集："首先，帮我找到近五年来，××行业市场营销策略的基础资料，包括成功案例、失败教训以及市场趋势分析。"这个步骤明确了时间范围、行业范围以及具体内容，让 AI 把输出重点放在定位和收集相关信息上。

（2）数据分析："其次，分析这些数据，找出哪些策略最有效，哪些策略存在明显缺陷，并给出初步的结论。"这里要求 AI 对收集到的数据进行深入分析，并提炼出关键信息，把 AI 的输出重点放在了理解和处理数据上。

（3）提出建议："最后，基于这些结论，提出针对我们公司未来市场营销策略的具体建议，包括目标市场定位、产品推广方式以及预算分配等。"这一步把 AI 的输出重点放在了将分析结果转化为实际可行的建议上。

2. 使用简单直接的语言提需求

使用简单直接的语言，尽量避免拗口的词汇或复杂的表达。比如，用"找出我们的产品比竞争对手的好在哪里"代替"进行产品状态和性质的多样化对比分析"，这样 AI 更容易理解。

3.7 场景七：对 AI 输出的结果不满意时怎么办

1. 深入分析不满意的原因，调整指令

分析不满意的具体原因，是信息不完整、逻辑不清晰，还是风格不符合预期？明确问题后，你可以有针对性地调整指令，引导 AI 重新生成。

例如，你使用 AI 生成了一份项目报告，但发现报告

的逻辑结构混乱。你可以对 AI 说："请调整项目报告的逻辑结构，先概述项目背景和目标，再详细阐述实施过程和成果，最后总结经验和教训。"

2. 尝试不同的 AI 工具

如果调整指令后，AI 输出的结果仍不能让你满意，不妨试试不同的 AI 工具，可能会产生不同的结果。

例如，你在使用某个 AI 工具生成文章时，发现其风格过于正式、呆板。这时，你就可以试试另一个 AI 工具，可能会得到风格更加生动的文章。

3. 结合人工编辑，达到最佳效果

当 AI 的输出结果仍然满足不了你的需求时，可以试试人工进行编辑。你可以对 AI 生成的内容进行润色、修改和完善，使其更加符合你的期望。

例如，你使用 AI 生成了一首诗歌，但发现其韵律和意境不够完美，多次尝试 AI 修改后仍不满意。这时，你

就可以自己或邀请专业诗人对诗歌进行修改。

3.8 场景八：当 AI 说车轱辘话时怎么办

有时，AI 似乎总是在重复相同的内容，俗称"说车轱辘话"。面对这种情况，我们可以这样应对。

1. 明确指令，引导 AI 聚焦核心问题

说车轱辘话可能是因为 AI 没有准确理解我们的需求，或者我们的指令模糊，导致 AI 无法给出具体的回答。因此，我们需要明确指令，引导 AI 聚焦核心问题。

可以尝试将问题拆分成更具体、更明确的小问题，然后逐一提问，或者在指令中加入一些限制条件或期望的结果。比如，可以说："请给我列出 3 种提高工作效率的具体

方法，并阐述每种方法的优点和适用场景。"

2. 调整交互方式，激发 AI 的创造力

有时候，AI 说车轱辘话可能是因为我们只是简单地提问和等待回答，因此可以尝试调整交互方式，比如加入对话，或对 AI 的回答进行追问。

举个例子，当 AI 给出一个建议时，我们可以问："这个建议听起来不错，但有没有其他可能的解决方案呢？"或"如果这个建议在实际操作中遇到问题怎么办？"

3. 提供更多信息

可以尝试给 AI 提供一些新的信息或观点，以拓宽它的思路。比如可以分享一些行业内的最新动态、趋势或案例，让它了解更多的背景信息和前沿知识。

4. 换个 AI 工具

如果以上 3 种方法都解决不了 AI 说车轱辘话的问题，可以试试换个 AI 工具。

3.9 场景九：当 AI 的建议没有针对性时怎么办

1. 细化个性化信息输入

比如，在寻求健身建议时，明确告知自己的身体状况（如性别、年龄、身高、体重、体脂率、肌肉含量等）和健身目标（如减脂、增肌或提高体能），这样 AI 能够生成更符合你个人需求的健身计划。

2. 明确表达偏好与需求

比如，在要求 AI 推荐图书时，除了要求图书类型（如科幻、历史），还可以进一步说明自己喜欢的作者风格、偏好的故事情节等。这种细致的描述有助于 AI 更准确地捕捉你的阅读偏好，从而推荐更符合你心意的图书。

3. 反馈与调整

在采纳了 AI 的建议后，可以根据实际效果给予正面或负面的反馈，这有助于 AI 系统学习并调整其推荐。尤其是可以说明你对 AI 不满意的地方，便于 AI 定向修改推荐机制。通过持续的反馈与调整，AI 的建议将逐渐变得更加个性化和精准。

3.10　场景十：当 AI 处理速度慢时怎么办

1. 优化指令，精简需求

明确而具体的需求能够显著减少 AI 的计算量，缩小其搜索范围。例如，当你需要查询数据时，可以明确指出："我只需要最新的 10 条相关数据，不需要全部历史记录。"这样的指令能够让 AI 避免在海量数据中漫无目的地搜索，从而大大缩短了响应时间。

此外，你还可以指定搜索范围或优先级，如"请优先考虑这些特定的数据库或资源（此处建议列出具体资源名称），以提高搜索效率"。

2. 了解 AI 的性能特点，合理分配任务

每种 AI 模型都有其擅长的领域和性能瓶颈。比如有些在处理图像识别任务时表现出色，但在自然语言理解方面可能较慢。因此在分配任务时，应尽量避免将复杂且耗时的任务交给不擅长该领域的 AI 模型。

3. 采用并行处理的方式

当单个 AI 工具无法快速满足处理需求时，可以采用并行处理的方式。通过分割任务，将其分配给多个 AI 工具同时处理，然后合并结果，可以显著缩短整体处理时间。

第 4 章

AI 可以帮你做的 100 件事

在数字化浪潮席卷全球的今天，AI 已经从科幻概念蜕变为触手可及的日常工具，从职场到家庭，从信息处理到个人成长，AI 至少可以在 100 件事上帮到你。

4.1 AI 帮你写作：从职场办公到日常沟通，一切都可以写

1. AI 帮你写简历：编写、润色、排版等

你可以这样对 AI 说：

"我是一名 [行业名称，如工程机械制造业] 领域的 [具体职业，如市场营销经理]。请帮我撰写一份针对 [目标职位] 的简历，字数控制在 [具体字数] 以内，风格上希望体现专业且富有创意。简历应包含 [内容要求，如教育背景、工作经历、专业技能、项目案例以及个人优势]，特别要突出 [具体技能或成就] 方面的卓越表现。同时，请结合目标职位的要求，对简历进行定制化调整，确保每一部分都能精准对接招聘方的需求。"

下面是一些锦上添花的小技巧。

（1）个性化调整：AI 生成的简历初稿往往基于通用模板，因此收到初稿后，不妨花些时间进行调整，比如添加一些个性化的自我介绍。

（2）润色语言：如果发现简历中某些表述略显生硬或不够流畅，不妨让 AI 优化几次，使简历更加生动、有感染力。

（3）排版与视觉优化：可以让 AI 生成多个简历模板，然后根据个人喜好和职位需求进行选择。AI 能对简历中的字体、字号、颜色等视觉元素进行优化，让简历既专业又美观。

（4）持续迭代：可以根据面试情况了解简历中可能存在的问题，然后告诉 AI，让 AI 根据反馈进行针对性调整，从而提高求职成功率。

2. AI 帮你写汇报：周报、月报、年报等

你可以这样对 AI 说：

"我是一名 [行业名称] 的 [具体职业]。请帮我撰写一篇约 [具体字数] 的月报，风格要专业且富有条理。月报应涵盖我这个月的主要工作内容，包括 [内容要求，如项目进展、市场调研、客户反馈等] 方面，并按照 [结构要求，如突破难题、实现成果、创造价值、不足与改进] 的结构进行组织。同时，请结合具体数据和案例，突出我在工作中的亮点和成就。"

下面是一些锦上添花的小技巧。

（1）细化内容，突出亮点：对于较为笼统的描述，如"完成了部分工作"，可以提供具体的数据和成果，引导 AI 进行细化，如"完成了 ×× 项目的 80%，实现了 ×× 万元的销售额增长"。

（2）调整风格，适应对象：例如，向上级领导汇报时，

语言应更加正式严谨，突出工作成果和价值；而向团队成员分享时，语言可以更通俗易懂，注重工作流程和团队协作。

（3）数据可视化，内容更直观：如果月报中涉及大量数据，可以让 AI 以图表形式呈现，如柱状图、折线图等，使报告更加直观。

（4）个性化定制，贴合风格：可以把自己以往的类似文章"喂"给 AI，让 AI 学习你的语言习惯、常用词汇、表达方式以及结构布局等，使报告更加个性化。

3. AI 帮你做计划：工作、学习、项目等

以制订工作计划为例，你可以这样对 AI 说：

"我是一名 [行业名称] 的 [具体职业]。请帮我制订一份关于 [具体时间段，如新季度] 的工作计划，字数控制在 [具体字数] 以内。计划应涵盖 [内容要求，如项目推进、市场调研、团队协作等] 方面。同时，请结合我的 [具体工作内容描述，如即将开展的新项目、目标市场的分析、团队成员的分工等]，确保计划的针对性和适用性。"

下面是一些锦上添花的小技巧。

（1）细化任务，明确时间节点：在 AI 生成初稿后，仔细检查每一项任务，确保它们都被分解为具体可执行的步骤，并设置了明确的时间节点。这有助于你更好地掌控工作进度，及时调整计划。

（2）考虑风险与应对措施：引导 AI 在计划中进行风险分析，并提出相应的应对措施。这能够让你在面对突发状

况时更加从容不迫。

（3）调整风格，适应不同场景：如内部汇报时，语言可以更加直接、务实；向客户展示时，则需注重语言的吸引力和感染力。

（4）利用 AI 的更多功能：制订计划时，可以利用 AI 的数据分析和图表制作等功能，如用图表展示项目进度、市场趋势等，使计划更加直观易懂。

4. AI 帮你写方案：活动、营销、采购等

以撰写活动方案为例，你可以这样对 AI 说：

"我是一名 [身份，如活动策划行业的项目经理]，请帮我撰写一份关于 [具体活动名称] 的活动方案，字数控制在 [具体字数] 以内。方案应涵盖 [内容要求，如活动背景、目标、流程、预算、宣传策略等] 多个方面，并结合 [具体活动需求描述，如活动主题、参与人数、场地选择等]。风格上，希望专业且富有创意，能够吸引目标受众的注意。"

下面是一些锦上添花的小技巧。

（1）明确目标，细化流程：在 AI 生成初稿后，仔细检查方案中的目标和流程部分，确保它们清晰、具体且可行。对于模糊或不够详细的地方，引导 AI 进一步细化，比如将活动流程拆分为更小的步骤，并明确每个环节的责任人和时间节点。

（2）创意融合，个性化定制：你可以将自己的创意和

想法融入其中。比如，在宣传策略部分，你可以结合活动主题和目标受众的喜好，提出更具创意的宣传方案。

（3）预算控制，成本优化：可以让 AI 根据活动规模和需求，提供多个预算方案，并进行成本效益分析，以便你更好地控制预算。

（4）模拟演练，制定预案：在方案定稿前，可以引导AI 进行模拟演练，预测可能遇到的问题和风险，并制定相应的预案。

5. AI帮你写文案: 广告、公关、产品等

以撰写广告文案为例, 你可以这样对 AI 说:

"我是一名 [身份, 如市场部门的文案专员], 请帮我撰写一篇关于 [具体产品名称] 的广告文案, 字数控制在 [具体字数] 以内。文案风格需符合我们品牌的调性, 突出产品的 [具体卖点或特色], 并吸引目标受众的注意。同时, 请结合当前的市场趋势和消费者心理, 确保文案有吸引力, 提高销售转化率。"

下面是一些锦上添花的小技巧。

(1) 明确目标受众: 在向 AI 提出要求前, 先明确目标受众的画像和偏好, 这有助于提升文案的针对性和吸引力。

(2) 植入品牌调性: 你可以结合产品特点和品牌调性, 提出更具个性化的创意点, 让文案更加生动有趣。

(3) 优化文案效果: 在文案发布后, 利用 AI 的数据分析能力, 监测文案的点击率、转化率等关键指标。根据数

据反馈，对文案进行优化和调整。

（4）提升 AI 能力：可以定期将你的优秀文案作品"喂"给 AI，让 AI 学习你的语言习惯、创意风格以及文案结构等；也可以"喂"给 AI 他人的优秀文案，让 AI 帮你学习。

6. AI 帮你写公文：通知、公告、请示等

以撰写公文为例，你可以这样对 AI 说：

"我是一名 [身份，如行政助理]，请帮我撰写一篇关于 [具体事项，如公司内部培训通知] 的公文，字数控制在 [具体字数] 以内。公文风格需正式严谨，内容需包括 [内容要求，如事项的背景、目的、时间、地点、参与人员以及注意事项等] 要素。同时，请确保公文符合公司的格式要求和语言表达规范。"

下面是一些锦上添花的小技巧。

（1）明确公文类型，细化需求：在向 AI 提出需求时，明确公文的类型（如通知、公告、请示等），并详细描述公文要包含的内容和要求。

（2）利用模板，提高效率：你可以将公司常用的公文模板发给 AI，让 AI 直接套用，这能够大大提高撰写效率。

（3）仔细校对，确保无误：仔细校对初稿内容，特别

是一些关键信息（如时间、地点、参与人员等），要确保准确无误。此外，还可以让 AI 根据校对结果，对初稿进行进一步修改、润色和完善。

（4）持续"投喂"，提升 AI 能力：你可以定期将优秀的公文模板"喂"给 AI，让 AI 学习公司的公文格式要求和语言表达规范。

7. AI 帮你写文书：法律、事务、礼仪等

以撰写法律文书为例，你可以这样对 AI 说：

"我是一名 [身份，如法律顾问]，请帮我撰写一篇关于 [具体议题，如公司并购法律风险评估] 的法律文书，字数控制在 [具体字数] 以内。风格需正式严谨，结合相关法律条款和案例，对议题进行深入分析，并提出针对性的法律建议。同时，请确保文书的结构清晰，逻辑严密，语言准确精练。以下详情供你参考：[介绍具体背景或提供详细资料参照]。"

下面是一些锦上添花的小技巧。

（1）明确需求，细化要点：在向 AI 提出需求时，尽量详细阐述文书的主题、目的、受众以及你希望强调的关键点。这有助于 AI 更准确地理解你的意图，生成更符合你期望的文书草稿。

（2）利用 AI 的搜索功能补充案例：在生成文书草稿

后，你可以利用 AI 搜索相关法律案例和文献，让 AI 进一步补充和完善文书内容。

（3）调整语言风格，适应不同场合：例如，向客户提交的法律意见书可能需要语言更加通俗易懂，而向法庭提交的诉讼文书则需要表达更加正式严谨。

（4）利用历史文档训练 AI：可以把你过去撰写的类似主题的文书"喂"给 AI，以便 AI 更好地学习你的语言习惯、表达方式以及专业术语，生成更贴合你个人风格的文书内容。

8. AI 帮你写报告：行业、趋势、分析等

以撰写行业报告为例，你可以这样对 AI 说：

"我是一名 [身份，如市场研究部门的分析师]，请帮我撰写一篇关于 [具体行业，如新能源汽车行业] 的 [报告类型，如年度趋势分析] 报告，字数控制在 [具体字数] 以内。风格需专业且富有洞察力，结合最新的市场数据、政策动态和行业案例，深入分析该行业的当前状况、未来趋势以及潜在机遇与挑战。同时，请确保报告结构清晰，包括 [内容要求，如引言、行业概况、市场趋势、竞争格局、案例分析、未来展望等] 部分。"

下面是一些锦上添花的小技巧。

（1）细化数据图表：在生成报告初稿后，仔细检查数据部分的准确性和完整性，进一步细化数据图表，如增加趋势线、百分比堆叠图等，以更直观地展示数据变化和行业趋势。

（2）根据受众调整风格：例如，向高层管理者汇报时，语言应更加精炼且突出关键结论，而向行业专家或同行分享时，则可适当增加专业术语和分析深度。

（3）增加案例，提高说服力：让 AI 根据报告主题搜索并筛选相关行业的成功案例或失败教训，作为报告的支撑材料。

（4）利用历史文档训练 AI：可以将你以往撰写的类似报告"喂"给 AI，让 AI 学习你的语言习惯、分析框架和常用词汇，生成更符合你个人风格的内容。

9. AI 帮你写邮件：回复、邀请、申请等

以回复邮件为例，你可以这样对 AI 说：

"我是一名 [行业名称] 的 [职业，如项目经理]，请帮我撰写一封回复 [邮件类型，如客户咨询] 的邮件。邮件字数控制在 [具体字数] 以内，风格需正式且友好。请结合邮件的具体内容 [提供邮件原文]，进行针对性的回复，最后表达我的感激之情和合作意愿。同时，请确保邮件结构清晰，包括 [内容要求，如问候语、回复内容、行动呼吁和结束语等] 部分。"

下面是一些锦上添花的小技巧。

（1）细化回复内容：在 AI 生成初稿后，仔细检查，确保回复既全面又具体。例如，对于客户咨询，可要求 AI 进一步细化解决方案或产品特点。

（2）根据对象调整语气：例如，对于客户或合作伙伴，保持友好且专业的态度；对于上级或重要客户，语言应更

加正式且礼貌。

（3）利用模板提高效率：可事先要求 AI 根据常见邮件类型（如回复、邀请、申请等）生成一系列模板。这样撰写新邮件时，只需根据实际情况微调相应模板即可。

（4）注重邮件的个性化：为了让邮件更加贴心和个性化，可以要求 AI 在邮件中提到接收方的情况；也可以要求 AI 添加个性化的问候语或祝福语。

10. AI 帮你写稿子：演讲、开场、培训等

以撰写演讲稿为例，你可以这样对 AI 说：

"我是一名 [行业名称，如金融科技] 的 [具体职业，如产品经理]，请帮我撰写一篇关于 [演讲主题，如未来金融科技的发展趋势] 的演讲稿，字数控制在 [具体字数] 以内。风格需正式且富有激情，能够吸引听众的注意力并激发他们的思考。请结合当前金融科技行业的热点话题、未来趋势以及我的 [个人见解] 进行撰写，确保内容既有深度又易于理解。"

下面是一些锦上添花的小技巧。

（1）细化演讲结构：在 AI 生成初稿后，仔细检查，可以要求 AI 进一步细化每个部分的内容，如增加引言、过渡句或总结等必要部分，使演讲稿更加完整和流畅。

（2）根据场景调整语言风格：例如，对于行业论坛的演讲，语言应正式且专业，而对于内部培训的开场演讲，

则可以更加轻松和幽默。

（3）增加互动元素：可以要求 AI 在演讲稿中增加一些互动元素，如提问环节、案例分析或小组讨论等，以吸引听众的注意力，增强其参与感。

（4）修改润色：在演讲稿完成后，让 AI 帮你检查语法错误、调整句子结构、优化用词等，使演讲稿更加精炼和流畅。

（5）持续训练 AI：你可以将自己以往的演讲稿"喂"给 AI，让它学习你的语言习惯和表达方式，从而生成更贴合你个人风格的演讲稿。

11. AI 帮你写短信：回复、祝福、幽默等

以撰写微信祝福为例，你可以这样对 AI 说：

"我是一名 [身份，如教师]，请帮我撰写一段发送给 [身份，如同事] 的微信祝福，字数控制在 [具体字数] 以内。内容要体现出我对同事 [具体事件，如生日] 的真诚祝福，同时融入一些幽默元素，让聊天氛围更加轻松愉快。请确保这条消息既符合我的身份和我们之间的关系，又能展现我的个性特点。"

下面是一些锦上添花的小技巧。

（1）明确需求，细化要求：在向 AI 提出需求前，先明确你希望达到的效果，如回复的风格（正式、幽默、亲切等）、字数限制以及具体内容要求（如包含哪些关键词或信息）。这样有助于 AI 更准确地理解你的需求，生成更符合你期望的内容。

（2）根据对象调整语气：例如，发给朋友时，语气可

以更加亲切和幽默；而与长辈或上司交流时，则需保持一定的尊重。

（3）融入个性元素：你可以在对话中提供一些关于你的信息，如你的兴趣爱好、职业特点等，以便 AI 生成更加个性化的回复。

（4）检查与修改：在 AI 生成短信后，检查短信内容是否准确表达了你的意图，如有需要，可以对内容进行微调或修改。

12. AI 帮你写评论：点评、感受、体验等

以撰写影评为例，你可以这样对 AI 说：

"我是一名 [身份，如 × × 领域的自媒体人]，请帮我写一篇关于 [电影名称] 的评论，字数控制在 [具体字数] 以内。我希望评论能深入剖析电影的主题思想、角色塑造、剧情发展及视听语言等方面，结合我所在领域与电影间的联系，融入我个人对电影的情感体验和独特见解 [进行具体阐述]。风格上，我希望评论既专业又不失亲切感，能够引起读者共鸣。"

下面是一些锦上添花的小技巧。

（1）明确情感共鸣点：在提出需求时，向 AI 描述一下电影中最触动你的几个瞬间或角色，以便 AI 更准确地捕捉并放大这些情感共鸣点。

（2）个性化语言风格：你可以在对话指令中提供一些关于你个人语言风格的提示，比如你偏爱使用哪些词汇、

句式，或者你有哪些独特的表达方式。

（3）多维度评价相结合：可以让 AI 从多个维度对电影进行评价，如剧情、演员表演、导演风格、音乐配乐等；也可以引导其适当穿插一些行业内幕或幕后故事，增强评论的趣味性和深度。

（4）审稿与润色：比如你可以调整评论结构，使其更加紧凑有力，或者增加一些自己的亲身经历或感悟，使评论更加贴近读者的生活体验。

13. AI帮你写自媒体内容：选题、标题、正文等

以撰写公众号文章为例，你可以这样对AI说：

"我是一名 [身份，如职场类公众号文章创作者]，请帮我构思并撰写一篇关于 [具体选题方向，如职场生存法则] 的文章。字数控制在 [具体字数] 以内，风格偏向轻松幽默但又不失深度，能够引起目标读者群体的共鸣。标题要新颖且吸引人，正文部分请围绕 [几个核心要点，如职场沟通技巧、时间管理技巧、情绪调节方法等] 进行展开，并结合实际案例进行分析。"

下面是一些锦上添花的小技巧。

（1）爆款文章分析与学习：你可以把一些爆款文章"喂"给AI，让它分析这些文章的特点，学习这些文章的写作风格，为你写出类似选题、标题或内容风格的文章。

（2）明确目标读者与风格定位：详细描述你的目标读者群体特征，如年龄、性别、职业背景等，以及你希望文

章呈现的风格。你可以要求 AI 根据文章主题和目标读者群体特征，提供多个创意标题供你选择。

（3）融入个性化元素与观点：你可以将你的一些个人经历、见解或独特观点告诉 AI，让 AI 基于这些信息生成更加个性化的内容。

（4）进行优化与调整：对于表述不够流畅或不够贴切的句子，可以让 AI 进行润色；对于结构或逻辑不够清晰的地方，可以让 AI 进行调整。你还可以让 AI 检查文章的关键词密度、可读性指数等指标。

14. AI 帮你写剧本：短剧、故事、台词等

以创作剧本为例，你可以这样对 AI 说：

"我是一名 [角色，如影视编剧]，请帮我构思并撰写一部约 [具体字数或时长，如 15 分钟] 的剧本。故事背景设定在 [具体场景，如现代都市]，主角是一位 [角色设定，如初入职场的年轻人]，在经历了一系列 [核心事件，如职场挑战与成长历练] 后，最终实现了 [故事高潮与结局，如自我超越与蜕变]。台词要自然流畅，符合人物性格设定和情景氛围。"

下面是一些锦上添花的小技巧。

（1）细化角色设定与情感走向：尽量详细描述每个角色的性格特征、背景故事以及他们在剧情中的情感变化，以便 AI 生成贴合人物性格的台词和行动。你也可以要求 AI 根据角色间的情感纠葛设计对话场景。

（2）利用 AI 进行情节构思与拓展：比如，你可以要求

AI 提供多个可能的剧情走向，供你选择和进一步创作。

（3）让 AI 研究爆款，提炼结构模式：你可以把市场上比较火爆的故事剧本"喂"给 AI，让 AI 帮你分析其中的故事结构、剧情走向、内容风格、人物或台词设计等，辅助你理解其背后的编剧逻辑。

15. AI 帮你写手册：操作、产品、制度等

以编写操作手册为例，你可以这样对 AI 说：

"我是一名 [角色，如项目经理]，正在为新推出的 [产品名称，如智能办公软件] 编写操作手册。请帮我生成一份包含 [具体章节，如软件安装、功能介绍、常见问题解答] 等内容的文档，字数控制在 [具体字数范围] 以内，风格要求清晰明了，便于用户理解和操作。同时，请确保手册内容符合我们的 [公司标准或行业规范]。参考资料如下：[提供详细资料]。"

下面是一些锦上添花的小技巧。

（1）明确目标用户：如新手用户、高级用户或技术人员，以便 AI 生成更加贴合用户需求的内容。对于新手用户，可以加入更多图文并茂的步骤说明；对于高级用户，可以提供更深入的高级功能介绍。

（2）利用 AI 进行内容审核：在 AI 生成初稿后，让 AI

检查手册中是否存在语法错误、拼写错误或逻辑不清的问题；也可以让 AI 根据预设的文档风格指南调整格式，确保排版和风格统一。

（3）结合用户反馈进行迭代：将 AI 生成的手册初稿提供给部分用户试用并收集反馈意见，根据反馈让 AI 进行相应修改和优化。

（4）持续更新与维护：随着产品的迭代升级，你可以让 AI 根据用户反馈和市场需求，为手册添加新的章节或功能介绍。

16. AI 帮你写文章：小说、散文、诗歌等

以写科幻小说为例，你可以这样对 AI 说：

"我是一名 [角色，如自由撰稿人]，正在尝试创作一篇科幻小说，主题为 [具体主题，如人类登上月球后看到外星人]。请帮我构思一个引人入胜的故事框架，包括主要角色设定、情节发展脉络以及结局设定。字数控制在 [具体字数] 以内，要求细腻且富有想象力，能够触动人心。"

下面是一些锦上添花的小技巧。

（1）细化情感与场景描写：例如，在 AI 生成初稿后，可以请 AI 增加细节描写，如人物的神态、环境的氛围等，使故事更加生动立体。

（2）调整语言风格与节奏：例如，创作散文时，语言可以更加流畅自然，注重内心情感的抒发，而在撰写诗歌时，则可以追求韵律和节奏的和谐，以及意象的丰富性。

（3）激发创意与灵感碰撞：在 AI 生成初稿后，你可以继续提问，如"如果主角面临另一个选择，故事会怎样发展？"或"在这个场景中，加入哪些元素能使情节更加扣人心弦？"

（4）对 AI 进行个性化训练：你可以向 AI 详细描述你的创作偏好和常用表达方式，也可以将你以往的作品提供给 AI，让它学习并融合你的语言习惯和创作特点。

17. AI 帮你写朋友圈内容：推广、表达、分享等

以写朋友圈宣传文案为例，你可以这样对 AI 说：

"我是一名 [身份，如全职宝妈]，请帮我写一篇关于 [具体内容，如我新上线的小项目 ××] 的朋友圈文案，字数控制在 [具体字数] 以内。要求既有趣味性，又能准确传达项目的亮点，同时融入一些个人感悟，让朋友们产生共鸣。项目的具体情况是：[介绍项目详细情况]。"

下面是一些锦上添花的小技巧。

（1）情感共鸣与个性化：尽量详细描述你对这个项目的个人感受和思考，以及你希望传递给朋友们的情感信息。你也可以要求 AI 在文案中加入一些与你的个人经历或兴趣爱好相关的元素，增强情感共鸣。

（2）创意与趣味性：可以要求 AI 在文案中融入一些创意元素，如比喻、拟人、排比等修辞手法，或是使用流行的网络用语、表情包等。

（3）精准定位受众：可以告诉 AI 你的朋友圈受众主要是哪些人群，如学生、职场人士、文艺青年等，以便 AI 根据受众特点，调整文案的语言风格。

18. AI 帮你写论文：大纲设计、文献梳理、思路拓展等

以设计大纲为例，你可以这样对 AI 说：

"我正在撰写一篇 [论文类型，如实证研究 / 文献综述]，主题是 [具体研究方向，如'社交媒体对青少年心理健康的影响']。请帮我生成一份论文大纲，字数控制在 [具体字数，如 300 字] 以内。大纲需涵盖 [内容要求，如研究背景、理论基础、研究方法、预期结论]，并参考 [具体文献或理论，如近三年核心期刊相关论文、社会认知理论]，同时结合我的 [具体研究设计，如已收集的问卷数据、拟定的实验方案]，确保大纲的学术规范性和研究可行性。"

下面是一些锦上添花的小技巧。

（1）拆分要点，明确研究路径：仔细检查大纲中每个章节的分论点，将宽泛的研究内容拆解为具体步骤。例如，把"研究方法"细化为"采用混合研究法，先通过问卷调

查收集数据，再运用质性分析软件进行编码"，让研究步骤清晰可执行。

（2）校准逻辑，优化论述层次：检查大纲各部分的逻辑关系，确保从"提出问题－分析问题－解决问题"的脉络连贯。比如，若文献综述部分提及前人研究的局限性，需在后续研究方法或结论部分呼应如何改进。

（3）适配需求，调整表述风格：根据大纲的用途调整语言风格。若用于与导师沟通，需突出创新性与可行性，简洁阐述研究价值；若作为开题报告展示，则需补充研究意义、国内外研究现状对比等内容，用数据和案例增强说服力。

19. AI 帮你写代码：编写、修改、审查等

以编写代码为例，你可以这样对 AI 说：

"我是一名 [角色，如软件开发程序员]，正在开发一个 [具体项目名称，如在线购物平台] 的后台管理系统。请帮我编写一段用于 [具体功能描述，如用户订单处理] 的 Python 代码，要求结构清晰、逻辑严谨，并考虑到性能优化和异常处理。同时，请确保代码符合我们的编码规范 [进行详细阐述]。项目的具体背景如下：[介绍项目详细情况]。"

下面是一些锦上添花的小技巧。

（1）利用 AI 进行代码审查：在提交代码前，你可以让 AI 对代码进行初步审查，检查潜在的语法错误、逻辑漏洞及性能瓶颈等问题。

（2）结合 AI 进行代码优化：对于已经编写的代码，你可以让 AI 根据性能分析结果提出优化建议。AI 可以识别

出代码中的重复计算、不必要的内存分配等问题，并给出相应的优化方案。

（3）持续学习与适应：你可以定期向 AI 提供你编写的代码样本，让 AI 不断学习你的代码风格和常用模式，生成更加贴合你个人需求的代码。

20. AI 帮你写日志：记录、反思、心得等

以写日常记录为例，你可以这样对 AI 说：

"我是一名 [身份，如自由职业者]，请帮我记录一下今天发生的事情，字数控制在 [具体字数] 以内，要求包含我的情绪变化、所见所闻以及由此引发的思考和感悟。特别是今天参加的一次交流会议，我希望你能结合我的个人见解，写出一些有深度的反思和心得。以下是我今天零星记录的事件、感触和心得：[提供详细内容]。"

下面是一些锦上添花的小技巧。

（1）情感共鸣与细节捕捉：在提出需求时，尽量详细描述你今天的经历和情感状态，比如遇到了哪些人、发生了哪些事、你的内心感受如何等。你也可以要求 AI 适当加入一些细节描写。

（2）个性化语言风格：你可以提供一些关于你语言习惯的提示，比如你偏爱使用哪些词汇和句式，也可以把

自己以往的日志或文章"喂"给 AI，让它学习你的语言风格。

（3）修改和深化：在 AI 生成初稿后，你可以根据自己的需求，对日志中的反思和心得进行修改深化。

4.2 AI 助你轻松办公：简化操作，效率倍增，一键解决问题

烦琐的 Excel 公式、重复的数据整理、复杂的 PPT 制作、各类创意方案、各种文案配图、各项管理流程……这些任务 AI 都能轻松应对。AI 正在重新定义办公效率，正在将办公推向"一键化"时代。

1. AI 帮你分析数据：图文表达、深度挖掘、行动建议等

以分析数据为例，你可以这样对 AI 说：

"我是一名 [角色，如市场营销人员]，请帮我对本月的销售数据进行深度分析。具体包括：[分析要求，如通过图表形式直观展示销售额、增长率等关键指标；深度挖掘客户行为模式、购买偏好等潜在信息；基于分析结果，提出针对性的行动建议，如优化产品组合、调整营销策略等]。报告字数控制在 [具体字数] 以内，要求清晰明了，

便于理解和实施。"

下面是一些锦上添花的小技巧。

（1）明确分析目标与需求：在提出需求时，务必明确分析的目标和具体需求，比如需要关注哪些关键指标、挖掘哪些潜在信息等。

（2）利用 AI 的可视化工具：AI 通常配备了强大的可视化工具，在提出需求时，可以明确要求 AI 使用这些工具来生成图表和报告，以便更好地理解和传达分析结果。

（3）结合业务背景解读数据：AI 生成的分析报告可能包含大量数据和图表，收到报告后，最好结合自身的业务背景和经验，对数据进行深入解读；也可以让 AI 根据数据结果，提供进一步的业务洞察和建议。

（4）持续迭代与优化：在收到 AI 生成的报告后，如果发现存在一些需要改进或补充的地方，可以告诉 AI，引导它进行优化。

2. AI 教你办公软件：工具选择、基本操作、高级技巧等

以学习办公软件为例，你可以这样对 AI 说：

"我是一名 [角色，如市场营销部助理]，请为我制订一份办公软件学习计划。具体包括 [学习需求，如根据我的工作需求，推荐合适的办公软件；教授我这些软件的基本操作方法，如 Word 的文档编辑、Excel 的数据处理、PPT 的演示文稿制作等；并传授一些高级技巧，如 Excel 的数据分析、PPT 的动画效果设计等]。学习时间为 [时间要求，如每周 3 小时，持续 2 个月]。"

下面是一些锦上添花的小技巧。

（1）有问题随时问：除了系统学习，你在日常操作中遇到难题时，也可以问 AI。这种针对实际问题的"做中学"，更容易记住。

（2）实践出真知：你可以通过完成一些实际的工作任务或项目来应用所学，以加深理解和记忆；也可以要求 AI

提供一些模拟任务来练习。

（3）定制个性化学习路径：可以把自己的学习习惯和需求告诉 AI，让 AI 帮你定制一条个性化的学习路径，以更加高效地学习。

（4）持续学习与更新技能：办公软件的功能和技巧在不断更新和升级。因此，要养成持续学习的习惯，不断关注办公软件的新功能和新技巧。

3. AI 帮你检查校对：查漏补缺、内容修正、统一格式等

以检查校对项目报告为例，你可以这样对 AI 说：

"我是一名 [角色，如项目经理]，请帮我检查并校对这份项目报告。报告的内容是关于我们即将推出的新产品的功能介绍及市场分析。请确保报告中没有遗漏任何关键信息，修正所有错别字，同时统一所有标题、段落和列表的格式，使其符合公司规范。最后，请提供一份详细的校对报告，列出所有修改内容和建议。"（附项目报告全部内容）

下面是一些锦上添花的小技巧。

（1）提出校对要求：比如你希望 AI 对哪些类型的错误特别关注（如语法、标点、错别字等），以及对格式的具体要求（如字体、字号、行距等）。

（2）结合人工复核：你可以将 AI 的校对结果与你自己

的检查相结合，对比两者的差异，确保报告准确完整。这也有助于你了解 AI 的校对能力和局限性。

（3）定期更新 AI 知识库：你可以定期向 AI 提供最新的语言规范和格式要求，以确保其能够持续提供高质量的校对服务。

4. AI帮你管理日程：事项分级、规划排序、时间优化等

以管理日程为例，你可以这样对AI说：

"我是一名[角色，如项目经理]，请帮我管理我的日程。我需要你[具体要求，如将我的任务按照紧急程度和重要性进行分级，并规划出每天的工作任务]。同时，我希望你[具体要求，如能根据我的工作习惯和效率，对时间安排进行优化，确保我能够高效地完成每一项任务]。此外，请为我生成一份可视化的日程表，以便我更直观地了解我的日程安排。"（附详细相关资料）

下面是一些锦上添花的小技巧。

（1）细化事项描述：在向AI提交日程事项时，细化事项描述，包括任务的具体内容、截止时间、所需资源等。

（2）灵活调整日程：你可以根据自己的工作进度和效率，对AI的规划进行微调，也可以随时让AI根据实际情况调整或重新规划日程。

（3）利用 AI 的智能提醒功能：有的 AI 工具具备智能提醒功能，你可以利用这一功能，确保自己不会错过任何重要的日程事项。

（4）定期复盘优化：你可以每隔一段时间复盘一下 AI 的日程管理效果，分析哪些事项高效完成，哪些事项存在延误或遗漏的情况。根据复盘结果，你可以对 AI 的规划算法或自己的时间管理习惯进行优化，让日程管理越来越高效。

5. AI 帮你寻找灵感：发散思路、启发构思、激发创意等

以构思创意为例，你可以这样对 AI 说：

"我是一名 [角色，如广告创意行业的创意策划]，正在为一项 [需求方向，如新产品的广告宣传活动寻找灵感]。请帮我生成一些创意构思，要求既新颖又符合我们的品牌形象和目标受众。我希望这些构思 [具体需求，如能够涵盖不同的创意方向，如情感共鸣、幽默诙谐、科技创新等]。请确保构思可执行，能够在有限的预算和时间内实现。"（附详细相关资料）

下面是一些锦上添花的小技巧。

（1）明确需求与限制：明确你的创意目标、受众特征、品牌形象以及预算和时间等限制条件，以便 AI 更准确地理解你的需求。

（2）多维度启发：鼓励 AI 从多个角度为你提供灵感，如文化元素、历史背景、科技趋势、社会热点等。

（3）结合个人经验与直觉：在浏览 AI 生成的创意构思时，不妨结合你的专业知识、过往成功案例以及个人偏好，筛选出最适合你项目的灵感。

（4）持续迭代与优化：你可以将 AI 生成的初步构思作为起点，通过团队讨论、市场调研等方式不断加以调整和完善。你也可以将优化后的构思反馈给 AI，让它学习并改进。

6. AI 帮你进行推理：问题解构、假设验证、结论推导等

以进行商业判断为例，你可以这样对 AI 说：

"我是一名 [角色，如咨询行业的资深顾问]，正在处理 [问题，如一个关于企业市场策略调整的问题]。请帮我进行逻辑推理，[具体要求，如首先解构问题的各个组成部分，包括市场环境、竞争对手、目标客户等关键要素。然后，基于这些要素，验证几个关键假设，如市场份额增长的可能性、新产品的市场接受度等。最后，根据验证结果，推导出适合我们企业的市场策略调整建议]。"

下面是一些锦上添花的小技巧。

（1）明确问题边界：在向 AI 提出逻辑推理需求时，务必明确问题的边界和范围，避免引入不相关的因素干扰分析。

（2）多维度验证假设：例如，在进行商业判断时，除了考虑市场环境外，还可以结合消费者行为、技术进步等

外部因素进行综合分析。这有助于增强假设的说服力，为结论推导提供坚实的支撑。

（3）灵活调整推理路径：如果遇到意外情况或新发现，可以让 AI 根据新的信息灵活调整推理路径，确保推理过程连贯合理。你也可以根据自己的经验对 AI 的推理结果进行修正和优化。

（4）持续与 AI 沟通：你可以随时向 AI 提问、补充信息或提出改进建议。通过沟通，你可以更好地了解 AI 的推理逻辑和方法，为后续协作积累经验。

7. AI 帮你做 PPT：模板选择、内容编排、动画设计等

以制作工作 PPT 为例，你可以这样对 AI 说：

"我是一名 [角色，如市场营销助理]，需要制作一份关于新产品推广的 PPT。请帮我选择一个模板，要求 [模板要求，如符合公司品牌形象、专业且吸引人]。内容方面，[内容要求，如请基于市场分析、产品特点、推广策略、预期效果等结构进行编排]。我希望 PPT 中能加入一些动画效果，以提升观众的注意力。整体风格要简洁明了，易于观众理解。"（附详细相关资料）

下面是一些锦上添花的小技巧。

（1）明确需求与受众：这有助于 AI 选择合适的 PPT 模板和内容风格，并根据受众喜好和理解能力，调整内容难易程度和语言风格。

（2）精炼内容与突出重点：在内容编排时，尽量做到精炼简洁，避免冗长和复杂的表述。突出关键信息和重点

数据，让观众一目了然。你可以让 AI 为你提炼核心内容，并用图表、图片等形式辅助说明。

（3）适度运用动画效果：你可以让 AI 为你推荐一些适合当前内容的动画效果，并根据需要调整优化。

（4）预览与调整：在 PPT 制作完成后，先进行预览和调整。检查模板是否合适、内容是否准确、动画效果是否流畅等。如有需要，可以让 AI 根据你的反馈进一步修改完善。

（5）注意保密：如果是涉及商业机密的信息或数据，最好不要直接发送给 AI 编辑。你可以让 AI 教你如何使用 PPT，自己在电脑上编辑。

8. AI 帮你做 Excel：数据处理、图表制作、公式应用等

以处理财务 Excel 为例，你可以这样对 AI 说：

"我是一名 [角色，如财务部门的会计师]，需要处理一份包含大量销售数据的 Excel。请帮我进行以下操作：[操作要求，如首先，对数据进行清洗和整理，去除重复和无效数据；其次，根据销售数据制作一份柱状图，展示各个月份的销售额变化；最后，应用公式计算总销售额、平均销售额以及销售额增长率。] 要求准确高效，确保数据的完整准确。"（附需要 AI 编辑的 Excel）

下面是一些锦上添花的小技巧。

（1）明确数据需求：这有助于 AI 更准确地理解你的意图，并提供符合你期望的结果，也能避免因需求不明确而反复修改。

（2）利用 AI 的推荐功能：AI 通常会提供多个数据处理和图表制作方案，你可以参考 AI 的推荐，并结合自己

的实际需求进行选择。

（3）学习 AI 的操作习惯：比如了解 AI 在处理 Excel 时的常用方法和技巧，这有助于你更有效地提出需求，获得更满意的结果。

（4）注意保密：敏感信息或数据最好不要直接发送给 AI 编辑。你可以让 AI 教你如何使用 Excel，在自己电脑上编辑。

9. AI 生成宣传海报：元素匹配、风格定位、设计创意等

以制作广告海报为例，你可以这样对 AI 说：

"我是一名 [角色，如市场营销专员]，正在为新品发布会设计广告海报。请帮我生成一张 [尺寸要求，如尺寸为 A1、分辨率为 300dpi] 的海报，风格要求现代简约，突出我们的品牌特色。海报中需要包含以下元素：[内容要求，如新品图片、品牌 logo、产品特点简介以及发布会日期和地点]。我希望在设计中融入一些创意元素，[更多要求，如抽象图案或动态线条，以增强海报的吸引力]。整体设计需符合品牌形象，传达出新品的高品质和独特性。"（附详细相关资料）

下面是一些锦上添花的小技巧。

（1）明确设计目标与受众群体：考虑受众的喜好和审美习惯，以便在设计中做出更贴切的调整。

（2）提供多样化的素材：为了丰富海报的设计元素，

你可以向 AI 提供多样化的素材，如品牌 logo 的不同版本、新品图片的多角度展示等。

（3）鼓励创新与尝试：比如你可以鼓励 AI 结合最新的设计趋势和潮流元素，为海报增添一些独特的创意点。

（4）及时沟通与反馈：在设计过程中，及时与 AI 进行沟通，反馈你的意见和想法。这有助于 AI 及时调整设计方向，确保最终成果符合你的期望。

10. AI 生成文字配图: 图片搜索、风格匹配、图文融合等

以为文章配图为例, 你可以这样对 AI 说:

"我是一名 [角色, 如内容创作者], 正在撰写一篇 [文章类型, 如关于旅行攻略的文章]。请帮我根据文章内容搜索并生成一系列配图, 数量为 [数量要求, 如 10 张], 风格要求为 [风格要求, 如清新自然], 与文案内容紧密相关。配图应 [具体要求, 如涵盖文章提到的各个景点, 同时展现出景点的独特魅力和氛围]。我希望这些配图能够与我的文案风格相匹配, 共同营造出轻松愉悦的阅读体验。"

下面是一些锦上添花的小技巧。

(1) 明确配图需求: 比如哪些部分的文字需要配图, 以及这些配图应该传达什么样的信息和情感。

(2) 提供关键词和参考图: 可以提供一些与文字相关的关键词和参考图; 关键词可以帮助 AI 缩小搜索范围, 提

高配图的相关性，参考图可以提供风格上的参考，确保生成的配图与你的期望相符。

（3）调整配图顺序和布局：在 AI 生成配图后，你可以根据内容的逻辑顺序和读者的阅读习惯，对配图进行调整和布局。

（4）进行多种尝试：你可以让 AI 尝试不同的风格、角度和构图方式，以生成更具吸引力和独特性的配图，提升文章的整体品质。

11. AI 绘制漫画绘本: 角色设计、情节构思、画面生成等

以绘制漫画为例, 你可以这样对 AI 说:

"我是一名 [角色, 如漫画创作者], 正在构思 [内容方向, 如一部关于冒险故事的漫画]。请帮我设计 [要求, 如几个具有鲜明个性和特色的角色, 包括主角、反派和几个关键配角]。同时, 我希望你能帮我 [要求, 如构思一个引人入胜的情节, 包含几个关键的转折点和高潮部分]。最后, [要求, 如根据这些角色和情节, 生成一系列连贯、生动的画面, 以展现整个故事的发展脉络]。"

下面是一些锦上添花的小技巧。

(1) 明确角色定位与特点: 详细描述每个角色的背景、性格、外貌特征和技能等, 这有助于 AI 更准确地捕捉你的意图, 生成符合期望的角色形象。

(2) 提供情节线索与细节: 如故事背景、主要冲突、角色之间的关系等, 这有助于 AI 更好地理解你的故事框

架，生成更加连贯和吸引人的情节。

（3）调整画面风格与氛围：在生成画面时，你可以根据故事的氛围和基调，向 AI 提出具体的风格要求。比如，如果故事是温馨感人的，可以要求画面色彩柔和、温暖；如果故事是紧张刺激的，可以要求画面色彩鲜明、对比强烈。

（4）鼓励创新与尝试：试试让 AI 在角色设计、情节构思和画面生成等方面进行更多创新和尝试。例如鼓励 AI 结合最新的设计理念和流行趋势，增添一些独特元素和亮点。

12. AI 辅助音频创作：音效选择、节奏编排、后期编辑等

以制作视频背景音乐为例，你可以这样对 AI 说：

"我是一名 [角色，如自媒体人]，正在为一部短片制作背景音乐和音效。请帮我 [要求，如从音效库中选择一些符合'浪漫'和'冒险'主题的音效，并编排一段 3 分钟的背景音乐，节奏要流畅且富有感染力]。对这段音乐进行 [操作，如后期编辑，加入一些淡入淡出的效果，以及必要的音高和音量调整，使其更加完美]。"

下面是一些锦上添花的小技巧。

（1）明确需求与风格：比如，是想要一首快节奏、充满活力的音乐，还是一首慢节奏、抒情的曲子？帮助 AI 更准确地捕捉你的意图。

（2）试听与调整：AI 生成初稿后，先试听一下，如果不满意就及时调整需求，比如要求 AI 改变节奏、增加或减少某些音效等。

（3）用 AI 编曲：比如让 AI 根据你的需求生成一段独特的旋律或和声，或者让 AI 根据已有的音乐片段进行变奏和改编。这可以激发你的创作灵感，让作品更加独特和出色。

（4）做好备份：在创作过程中，记得随时保存你的作品和 AI 生成的初稿。这样，即使出现意外情况，你也能迅速恢复进度。

13. AI 帮你处理图片：尺寸调整、格式转换、效果添加等

以批量处理图片为例，你可以这样对 AI 说：

"我是一名 [角色，如平面设计师]，手头有一批图片文件需要处理。请帮我进行以下操作：[要求，如首先，调整所有文件的尺寸，要求宽度为 800mm，高度自适应以保持比例；其次，将这些文件从 PNG 格式转换为 JPEG 格式；最后，添加一些视觉效果，如阴影、边框或滤镜，以提升整体美观度]。请确保处理后的文件保持高质量，并且文件名和存储路径不变。"

下面是一些锦上添花的小技巧。

（1）预览与检查：在处理前，可以利用 AI 工具的预览功能查看原图与处理后的效果对比，确保调整后的尺寸和格式满足要求。对于添加的效果，也要仔细检查是否自然、和谐，避免过度处理导致图像失真。

（2）批量处理与个性设置：针对特定文件或需求设置个性化参数，例如对于需要突出显示的重要图像，可以单独调整其亮度、对比度或饱和度，以强化视觉效果。

（3）自动化与编写脚本：你可以学习使用 AI 工具的自动化功能或编写简单的脚本，这样你就能一键处理整个文件夹中的文件，无须逐个手动操作，大大节省时间。

（4）做好备份：在处理图片文件前，务必做好备份，以备不时之需。

14. AI 辅助视频创作：脚本创作、镜头切换、特效添加等

以创作短视频脚本为例，你可以这样对 AI 说：

"我是一名 [角色，如短视频创作者]，正在筹备一部 [视频主题，如环保主题的短片]。请帮我创作 [要求，如一个时长约 5 分钟的视频脚本，内容要围绕环保的重要性、当前面临的挑战以及我们可以采取的行动展开]。我希望 [要求，脚本中能够巧妙地融入一些镜头切换的提示，比如从惊心的污染场景切换到宁静的自然风光，并添加一些增强氛围的特效提示，如表现时间流逝的加速或慢动作效果。]"

下面是一些锦上添花的小技巧。

（1）细化脚本需求：比如指定某些场景的情感氛围、角色对话的风格，甚至是对白中的关键词汇，以便 AI 更准确地捕捉你的意图。

（2）预览与调整镜头切换：收到初稿后，你可以先预

览一下，看看 AI 生成的镜头切换点是否合理，是否符合你的创作意图。如果不满意，就及时让 AI 进行调整。

（3）探索特效创意：你可以向 AI 提出具体的特效需求，比如希望添加哪些类型的特效、特效出现的时间和持续时间等。你也可以鼓励 AI 发挥创意，提供一些特效建议。

（4）保持沟通与反馈：你可以随时向 AI 提供反馈，指出它哪些地方做得好、哪些地方需要改进。

15. AI 帮你做翻译：语言转换、语境适应、术语校对等

以翻译商业文件为例，你可以这样对 AI 说：

"我是一名 [角色，如国际贸易项目经理]，现有一份关于新型环保材料的商业提案，需要翻译成 [语言要求，如英语、法语和德语]。请确保翻译准确流畅，特别注意 [要求，如专业术语的准确性，如'环保材料'应翻译为'environmentally friendly materials'，并适应不同语言的语境表达]。注意对提案中的关键数据和概念进行校对，确保信息传达无误。"

下面是一些锦上添花的小技巧。

（1）提供背景资料：在提交翻译任务时，附上相关的背景资料或行业术语表，以便 AI 更好地理解原文的语境和术语含义，从而翻译得更加准确专业。

（2）校对与反馈：特别是对于关键术语和复杂句子的翻译，要检查其是否准确传达了原文的意思，并根据需要

进行微调；可以将发现的问题反馈给 AI，以便其不断提高翻译质量。

（3）利用 AI 的语境适应能力：AI 翻译助手通常具备强大的语境适应能力，能够根据不同的文本类型和目的调整翻译风格。在提出需求时，可以明确告知 AI 翻译的目的和受众群体，以便其更好地适应目标语言的语境表达。

（4）保持语言风格一致：如果提案中涉及多种语言版本的翻译，可以要求 AI 在翻译过程中保持语言风格一致。

16. AI 帮你优化流程：识别瓶颈、提升效率、提出建议等

以优化工作流程为例，你可以这样对 AI 说：

"我是一名 [角色，如 IT 行业的项目经理]，目前正负责一个复杂的软件开发项目。请帮我 [要求，如分析项目流程，识别出潜在的瓶颈环节，并提出具体的优化建议。同时基于现有流程，设计一套更高效的工作流程方案，以提升团队的整体运营效率]。"（附详细相关资料）

下面是一些锦上添花的小技巧。

（1）明确目标与范围：在要求 AI 进行流程优化前，明确流程的目标和范围，以便 AI 能够更准确地识别出瓶颈环节。你可以详细描述当前流程的各个步骤，以及期望达到的效果，帮助 AI 更好地理解你的需求。

（2）结合团队共识：AI 提供的优化建议可能包含多种方案，你需要结合团队的实际情况和共识，选择最适合当前项目的方案。

（3）持续监控与调整：流程优化并非一蹴而就，需要持续监控和调整。你可以跟踪流程的执行情况，及时发现并解决问题。

（4）注重数据安全与隐私保护：一些涉密或敏感信息请进行脱敏处理后再发给 AI，避免信息泄露可能造成的风险。

17. AI 辅助识人用人：性格分析、能力评估、考核建议等

以筛选简历为例，你可以这样对 AI 说：

"我是一名 [角色，如公司管理者]，想 [目标，如为公司的技术部门招聘一名软件工程师]。请帮我 [要求，如分析候选人的简历，进行性格分析、能力评估，并基于公司的考核标准，给出是否录用的建议。"（附详细相关资料）

下面是一些锦上添花的小技巧。

（1）细化评估标准：你可以把公司在沟通能力、团队协作能力、专业技能等方面的具体要求告诉 AI，以便 AI 更准确地分析和评估。

（2）结合历史数据与实时表现：你可以将现有员工过去的工作成果、项目参与度以及近期的绩效表现等数据告诉 AI，以便 AI 给出更准确的考核建议。

（3）保持灵活：每个员工都有其独特的个性和特点，在运用 AI 时，要根据员工的实际情况进行调整和优化。

18. AI 给你创业指导：市场调研、模式设计、运营团建等

以寻求创业指导为例，你可以这样对 AI 说：

"我是一名 [角色，如初创企业创始人]，正在筹备一个 [创业类型，如专注于智能家居领域的项目]。请为我提供 [要求，如一份详细的市场调研报告，包括目标市场规模、竞争态势、用户需求分析以及潜在的增长机会]。我希望你帮我 [要求，如设计一套创新的商业模式，确保项目在市场中具有竞争力]。另外，我希望你 [要求，如针对运营模式建设和团队建设给我一些建议]。"

下面是一些锦上添花的小技巧。

（1）明确调研目标与范围：例如你可以指定调研的地理区域、目标用户群体以及具体的竞争对手。

（2）结合个人判断：AI 提供的商业模式设计建议可能包含多种方案，你需要结合自己的行业经验和市场洞察，

选择最适合自己项目的模式。

（3）多与成功者交流：现实商业世界情况非常复杂，因此不要完全依赖 AI 的建议，很多宝贵的创业经验在创业成功者的大脑里，要多和他们交流经验心得。

（4）持续学习与迭代：创业是一个不断学习和迭代的过程。你可以在 AI 的指导下，不断总结经验教训，优化商业模式和运营策略。

19. AI辅助财务管理：预算规划、成本控制、收支分析等

以进行公司财务管理为例，你可以这样对AI说：

"我是某科技公司的[角色，如财务专员]，请帮我[要求，如进行下月的预算规划，并基于历史数据和市场趋势，给出成本控制的建议。我希望你通过分析本月的收支情况，生成一份详细的收支分析报告，包括收入来源、支出类别、盈亏平衡点等信息。报告需以图表形式呈现关键数据，以便我能快速理解并做出决策]。"（附详细相关资料）

下面是一些锦上添花的小技巧。

（1）明确目标与约束：比如告诉AI你需要实现多少利润、需要控制哪些成本、有哪些不可预见因素需要考虑等。

（2）注意信息安全：财务数据属于敏感或涉密信息，尽量不要直接发给AI，或者只发一部分，让AI指导你操

作；也可以要求 AI 生成一些软件脚本，辅助你在自己电脑上操作。

（3）结合业务实际：你可以将 AI 的分析结果与公司的业务计划、市场策略等相结合，形成更具体、更可行的财务管理方案。

（4）持续监控与调整：你可以定期与 AI 进行互动，更新数据、调整参数，以便 AI 能够更准确地反映公司的财务状况，并为你提供更有效的建议。

20. AI 辅助客户管理：发现机会、沟通分析、策略建议等

以生成客户管理报告为例，你可以这样对 AI 说：

"我是一名 [角色，如营销人员]，我希望你辅助我做客户管理工作。我希望你 [要求，如根据客户沟通记录，帮我分析客户需求，发现潜在客户，评估销售增长机会点，制定下一步的客户管理策略；用简洁明了的语言，为我生成一份客户管理报告，包括客户概况、沟通要点、项目进展及建议措施等]。"（附详细相关资料）

下面是一些锦上添花的小技巧。

（1）注意信息安全：客户信息是敏感信息，在向 AI 提供相关资料前，要做脱敏处理；或者要求 AI 给你提供客户管理的相关指导，你在自己电脑上进行操作。

（2）充分利用 AI 的数据分析能力：你可以让 AI 分析客户的购买历史、沟通记录等数据，找出客户的偏好、需求变化等潜在信息，为制定个性化的客户管理策略提

供依据。

（3）灵活调整策略：AI 生成的客户管理建议仅供参考，你可以根据 AI 的分析结果，结合自己的经验和判断进行灵活调整。

（4）利用 AI 优化沟通话术：客户管理中存在大量实际沟通，你可以借助 AI 优化自己的沟通话术，提高自己的沟通能力。

4.3　AI 替你精炼总结：归纳信息，提炼要点，省出大量时间

1. AI 辅助查找信息：精准搜索、信息筛选、结果排序等

以搜集行业市场信息为例，你可以这样跟 AI 说：

"我是一名 [角色，如咨询行业的分析师]，正在 [目标，如为一份关于新能源汽车市场的报告搜集信息]。请帮我 [要求，如进行精准搜索，关键词包括'新能源汽车市场趋势''政策影响''技术创新'等；自动排除过时、不相关或重复的信息，只保留最新、最权威、最有价值的内容；根据信息的重要性和相关性对搜索结果进行排序，以便我能更快地找到核心信息]。"

下面是一些锦上添花的小技巧。

（1）明确搜索范围和条件：比如指定搜索的时间范围、

网站类型（如政府网站、学术期刊、行业报告等）或特定作者等，以便 AI 提供更精准、更有针对性的搜索结果。

（2）利用 AI 的推荐功能：许多 AI 工具都有推荐功能，能够根据你的搜索历史和兴趣偏好推荐相关的信息和资源。你可以尝试利用这一功能，发现更多有价值的内容。

（3）要求 AI 提供信息来源：为确保信息严谨可靠，你可以要求 AI 在提供信息时，附上信息的来源，然后验证这些来源的真实性或权威性。

（4）结合人工判断与验证：在 AI 提供搜索结果后，你可以结合自己的专业知识和经验进行判断和验证，或者向相关领域的专家学者求证。

2. AI 整理会议纪要：信息提取、结构呈现、意见汇总等

以整理会议纪要为例，你可以这样对 AI 说：

"我是一名 [角色，如项目经理]，今天参加了一场关于新产品开发的会议。请你帮我整理出一份会议纪要，内容需包括 [内容要求，会议时间、地点、参会人员、主要议题、讨论内容和结论，以及参会人员的具体意见和建议]。要求信息准确、结构清晰，便于后续查阅和跟进。"（附详细相关资料）

下面是一些锦上添花的小技巧。

（1）明确标注关键信息和结论：你可以事先把会议重点告诉 AI，并要求 AI 明确标注出会议中的关键信息和结论，如决策事项、责任分配、时间节点等。

（2）利用 AI 的智能分类功能：许多 AI 工具能够自动识别和分类会议中的不同议题和意见。你可以尝试利用这一功能，将会议内容按照议题或意见进行分类呈现，使条

理更加清晰。

（3）注意信息安全：对一些涉密或敏感信息，要进行脱敏处理后再交给 AI；也可以让 AI 教自己一些在本地电脑上高效整理会议纪要的方法，或者让 AI 提前生成一些会议纪要的模板，自己套用模板整理会议纪要。

（4）人工校对与补充：在 AI 提供纪要后，你可以结合自己的会议笔记和记忆进行校对和补充，以确保纪要的准确完整。

3. AI 帮你整理笔记：内容归纳、重点标注、关联拓展等

以整理讲座笔记为例，你可以这样对 AI 说：

"我是一名 [角色，如技术人员]，刚参加了一场关于未来科技趋势的讲座。请你帮我整理一下笔记，要求 [内容要求，如内容需包括讲座中提到的所有关键观点、案例分析和我的个人感悟；对笔记中的重点内容进行标注，并尝试进行关联拓展，比如将某个观点与其他领域的研究相结合，或提供相关的背景资料]。"（附详细相关资料）

下面是一些锦上添花的小技巧。

（1）利用 AI 的智能识别功能：你可以利用 AI 的智能识别功能，自动识别并提取笔记中的关键词、句子和段落；你也可以要求 AI 对笔记中的图片、图表等非文字信息进行识别和解析，以提高整理效率。

（2）细化笔记结构：比如，你可以要求 AI 按照讲座的章节、主题或时间顺序进行组织，或者添加标题、子标题

和段落分隔符等，以提高笔记的可读性。

（3）个性化标注与拓展：比如，你可以让 AI 对某个重要观点进行解释和补充，或提供相关的文献、网站和社交媒体链接等，以便你进一步了解和深入研究。

4. AI 帮你生成教案：目标设定、内容规划、方法建议等

以写培训教案为例，你可以这样对 AI 说：

"我是一名 [角色，如英语培训师]，下周我将教授关于时态语法的课程。请你帮我生成一份教案，教案需要包含 [内容要求，如明确的教学目标，比如让学生掌握不同时态的用法和区别；详细的内容规划，比如各个时态的定义、例句、练习等；以及合适的教学方法建议，比如利用互动游戏、小组讨论等方式激发学生的学习兴趣]。教案的字数控制在 [具体字数] 以内，风格要贴近实际生活，注重实用性和趣味性。"（附详细相关资料）

下面是一些锦上添花的小技巧。

（1）明确教学目标，细化评估标准：你可以要求 AI 根据课程标准和学生的实际情况，设定具体的教学目标，并细化评估标准，以便在课后对学生的掌握情况进行评估。

（2）结合学生特点，灵活调整内容：你可以要求 AI 提

供多个内容规划方案，然后根据学生的兴趣、学习进度和难点等有针对性地选择或修改。

（3）融合多种教学方法，提升教学效果：你可以要求AI 在教案中融合多种教学方法，如讲授、讨论、互动游戏、实践操作等，以丰富学生的课堂体验，提升教学效果。

5. AI 提炼干货重点：核心提炼、要点概括、剔除冗余等

以提炼长篇报告为例，你可以这样对 AI 说：

"我是一名 [角色，如市场调研人员]，刚收集了大量关于竞争对手的市场分析报告和行业趋势数据。请帮我提炼这些资料中的干货要点，包括 [内容要求，如竞争对手的主要策略、市场份额变化、行业趋势预测等核心内容]，字数控制在 [具体字数] 以内。我希望你帮我剔除冗余信息，确保提炼出的内容简洁明了、重点突出。"（附详细相关资料）

下面是一些锦上添花的小技巧。

（1）明确提炼目标，细化需求描述：比如，你可以具体指出你希望 AI 提炼出哪些方面的信息，或者提供一些关键词，以便 AI 更准确地理解你的意图。

（2）结合个人理解，验证提炼结果：在 AI 生成提炼结果后，你可以结合自己的专业知识和理解进行验证和补充，

确保信息的准确性和完整性。

（3）利用 AI 的智能推荐功能，拓宽学习视野：你可以让 AI 根据你的兴趣和需求，推荐相关的优质资源和学习材料。

6. AI 总结关键目标：识别重点、清晰设定、优先排序等

以总结项目目标为例，你可以这样对 AI 说：

"我是一名 [角色，如项目经理]，目前负责多个项目的并行推进。请帮我 [要求，如总结这些项目的关键目标，目标要符合 SMART 原则；识别出每个项目的核心任务、预期成果和关键里程碑；根据项目的紧急程度和重要性，对这些目标进行优先排序，生成一份简洁明了的目标清单，便于我快速把握全局。"（附详细相关资料）

下面是一些锦上添花的小技巧。

（1）细化需求描述，提高 AI 识别精度：比如，你可以明确指出哪些是重点信息，哪些是重点事项，或者提供一些关键词提示，以便 AI 更准确地识别出重点。

（2）结合个人经验，调整目标设定：在 AI 生成结果后，你可以结合自己的实际情况，对目标进行适当的调整和优化，确保它们更加符合你的需求。

（3）对 AI 进行训练：你可以把自己曾经设定关键目标、对事项排序的事件和思维逻辑告诉 AI，以便 AI 更好地了解你和帮助你。

7. AI 帮你分解任务：步骤规划、动作细化、分配建议等

以分解活动任务为例，你可以这样对 AI 说：

"我是一名 [角色，如市场营销人员]，目前负责一项大型市场推广活动的策划与执行。请帮我 [要求，如将这项任务分解成详细的步骤，包括前期调研、方案策划、资源筹备、执行监控和后期评估等阶段；针对每个阶段，细化出具体的动作和任务，比如调研阶段需要收集哪些数据、策划阶段需要制定哪些方案等。最后，根据团队成员的专长和任务量，给出合理的任务分配建议]。字数控制在 [具体字数] 以内，风格要清晰明了，便于我快速理解和执行。"（附详细相关资料）

下面是一些锦上添花的小技巧。

（1）明确任务目标和期望成果：在请求 AI 分解任务前，先明确任务的目标和期望成果，这样有助于 AI 更准确地理解你的需求，并生成更符合你期望的分解方案。

（2）结合实际情况调整分解方案：在 AI 分解任务之后，你可以结合自己的经验和团队的实际情况，对方案进行适当的调整和优化。

（3）训练 AI 满足你的个性需求：你可以把自己的详细情况和具体处境告诉 AI，或者把自己曾经分解某项任务的具体过程"喂"给 AI，让 AI 对你越来越熟悉。

8. AI 识别情绪意图：对话分析、情感识别、意向推测等

以指导商务沟通为例，你可以这样对 AI 说：

"我是一名 [角色，如客户经理]，目前正与一位潜在的大客户进行深度沟通。请帮我 [要求，如分析我们的对话内容，识别客户的情绪是积极、中性还是消极，并推测客户的潜在意向，比如是否对产品感兴趣、是否有购买意愿等。同时，基于这些分析结果，给我一些建议，以便我更好地引导对话，满足客户需求，促成合作]。分析结果和建议以简洁明了的方式呈现，便于我快速理解和应用。"

（附详细相关资料）

下面是一些锦上添花的小技巧。

（1）结合上下文，全面理解：仅凭只言片语难以准确地判断情绪，因此你在要求 AI 分析对话时，要告诉 AI 对话的背景，为 AI 提供完整的上下文信息。如果软件功能允许，可以开启实时对话分析。

（2）灵活应用分析结果：AI 提供的分析和建议可能并不完全准确，因此你需要保持灵活。比如当 AI 推测客户有购买意愿时，你可以进一步询问客户的具体需求和预算，以验证这一推测。

（3）注重情感共鸣，建立信任：虽然 AI 能帮助你识别客户的情绪和需求，但建立信任关系仍需依靠人与人之间的情感共鸣。

9. AI 总结日常开销：支出整理、查找异常、节约建议等

以总结月度开销为例，你可以这样对 AI 说：

"请帮我总结这个月的日常开销，列出各类支出（如餐饮、交通、娱乐、购物等）的具体金额及占比。同时，基于这些数据，[要求，如分析是否存在不合理的支出，并提出节约开支的建议]。请结合我以往的开销记录，确保总结全面准确。"（附详细相关资料）

下面是一些锦上添花的小技巧。

（1）核对检查：在 AI 生成开销总结后，仔细核对每一项支出，确保没有遗漏或错误。对于某些模糊的消费记录，可以让 AI 根据消费时间和地点进一步识别并归类。

（2）设定预算目标：可以让 AI 根据历史数据，预测下个月的开销趋势，并设定合理的预算目标，以便你提前规划，避免超支。

（3）满足个性化需求：可以让 AI 根据你的实际需求，

定制个性化的开销分类。比如，如果你经常买书或参加培训课程，就可以将这部分支出单列成一个类别。

（4）进行纵向比较：每个人的生活方式不同，没有所谓正确的开销方式或开销比例。所以在向 AI 征求建议时，可以更多地结合自己的历史开销数据。

（5）注意信息安全：开销数据属于个人隐私，如果不想信息泄露，可以在让 AI 处理前先进行脱敏处理。

10. AI 总结录音文档：文字转换、提取信息、内容整理等

以整理会议录音为例，你可以这样对 AI 说：

"我是一名 [身份，如市场部的项目经理]，请帮我将下面的会议录音转换成文字，并提取出 [要求，如关于项目进展、客户需求变更、团队协作的关键信息]。基于这些信息，整理出一份约 [具体字数] 的会议纪要，要求简洁明了，突出重点。在这份会议纪要中，请明确列出 [要求，如已完成的任务、正在进行的工作、遇到的问题及解决方案，以及下一步的行动计划]。"

下面是一些锦上添花的小技巧。

（1）检查校对：确保转换的内容准确，发现错误及时手动更正，也可以反馈给 AI，提高其后续进行内容转换的准确率。

（2）录音标记：可以在录音过程中，使用关键词或标记来引导 AI 关注特定内容。例如，在讨论项目进展时，

可以明确说出"项目进展更新"作为标记，以便 AI 在整理时更快地定位到相关信息。

（3）分类汇总：你可以利用 AI 的内容分类功能，将提取出的信息自动归类到不同的主题下，如"项目进展""客户需求""团队协作"等，以便更快地阅读会议纪要。

（4）注意信息安全：要确保使用的 AI 工具符合公司的数据安全和隐私政策。在上传录音文件前，对敏感信息进行脱敏处理，避免泄露公司机密或客户隐私。

11. AI 总结视频内容：内容解析、画面提取、生成摘要等

以总结研讨会视频为例，你可以这样对 AI 说：

"我是一名 [身份，如解析人工智能发展情况的自媒体人]，请帮我解析这个视频 [提供视频链接]，提取出视频中的 [内容要求，如核心观点、重要数据以及关键画面]。基于这些信息，生成一篇 [具体字数] 左右的摘要，要简洁明了，突出重点和亮点。请重点总结与人工智能领域相关的部分。"

下面是一些锦上添花的小技巧。

（1）提前浏览：提前浏览一遍视频，明确自己感兴趣的部分，以便 AI 更好地提取关键信息。对于重要的部分，让 AI 在解析时给予更多关注。

（2）画面筛选：AI 提取的画面可能比较冗余，你可以指导 AI 根据关键词或场景进行筛选，只保留与你的需求最相关的画面。你也可以要求 AI 为提取的画面添加简短

的文字说明，以便你更快地理解。

（3）重要性排序：在生成摘要时，你可以让 AI 根据信息的重要性进行排序，将最关键的信息放在摘要的开头部分。你也可以要求 AI 在摘要中加入一些延伸内容，如文献引用或相关链接，以便你后续深入阅读。

（4）提供资料：你可以提供一些与你关注领域相关的背景资料或专业术语表，以便 AI 解析视频时更准确地识别和理解相关信息。这也有助于 AI 在未来更好地满足你的需求。

12. AI 绘制思维导图: 一键生成、结构设计、内容填充等

以绘制工作内容思维导图为例，你可以这样对 AI 说:

"我是一名 [身份，如初中历史教师]，请帮我生成一份关于 [主题，如初中历史教学设计] 的思维导图。这份思维导图需要包含 [内容要求，如课程规划、内容设计、教学方法、评估与反馈等核心部分，并突出展示各部分之间的逻辑关系]。要求结构清晰、层次分明，内容翔实、准确，能够为我提供一份全面的课程设计参考。"

下面是一些锦上添花的小技巧。

（1）检查调整: 在 AI 生成思维导图之后，检查各部分之间的逻辑关系是否合理，如有不妥，可以要求 AI 进行调整，确保思维导图能够准确反映你的思维过程。

（2）填充完善: 对于思维导图中的具体内容，你可以根据自己的需求要求 AI 填充和完善。例如，在 "内容设计" 部分，你可以添加具体的课程内容、教学重点和难点

等；在"评估与反馈"部分，你可以列出不同的评估方法和反馈渠道。

（3）进行美化：你可以让 AI 为你提供一些配色方案和图标，从中选用与你主题相符的，让思维导图更加生动、易读。

（4）持续优化：例如你可以尝试用不同的表述方式或关键词来描述自己的需求，看看哪种方式或哪些关键词能够生成更符合你期望的思维导图。

13. AI 总结图书摘要：精华整理、观点总结、阅读建议等

以总结专业图书摘要为例，你可以这样对 AI 说：

"我是一名 [身份，如金融行业的分析师]，正在研究一本关于投资策略的专业图书。请帮我生成一份 [具体字数] 左右的图书摘要，内容 [要求，如需涵盖书中的核心观点、重要案例及作者的建议。同时，请根据书中的内容，提供一些针对我个人投资风格的阅读建议和思考方向]。"（提供电子版图书）

下面是一些锦上添花的小技巧。

（1）浏览重点：你可以先提前浏览图书的目录和引言，明确你想要重点了解的部分，这样你才能向 AI 提出更具体的需求，如"请着重总结书中关于'价值投资'的部分"。

（2）检查完善：在 AI 生成内容之后，快速浏览一遍，如果发现有不准确或遗漏的地方，及时反馈给 AI 进行修

正或补充。

（3）日常互动：你可以在日常使用中多与 AI 互动，分享你的阅读心得，这样 AI 在生成摘要和建议时，将能够更好地贴合你的个人需求和偏好。

（4）仅作参考：需注意 AI 的建议只能作为参考，而非决定性的依据。

14. AI 提炼研究报告：总结发现、分析方法、提炼启示等

以提炼长篇报告摘要为例，你可以这样对 AI 说：

"我是一名 [身份，如科技行业的市场分析师]，请帮我提炼一份关于人工智能在医疗行业应用的研究报告摘要。摘要需包含 [内容要求，如报告的主要发现、采用的分析方法以及提炼出的行业启示]，字数控制在 [具体字数] 以内。要求保持专业，但语言要易于理解，确保非专业人士也能看懂。"（提供研究报告全文）

下面是一些锦上添花的小技巧。

（1）标记重点：提前浏览报告全文，标记出重要的段落或图表，并将这些关键信息提供给 AI，以确保 AI 的提炼不会遗漏任何核心内容。

（2）审阅补充：在 AI 生成摘要初稿后，务必仔细审阅，特别是对于那些高度概括的表述。必要时，可以请 AI 进一步展开或细化某些部分，例如，如果摘要中提到 "AI

在医疗诊断中提高了准确率"，可以要求 AI 补充具体的数据或案例来支持这一观点。

（3）根据需要调整语言风格：比如，如果面向的是行业专家，语言可以更专业、深入；如果面向的是普通大众或管理层，则应更加通俗易懂，突出关键信息和启示。

（4）持续训练 AI：为了提升 AI 提炼摘要的能力，你可以定期向 AI 提供你撰写或审阅的报告及摘要让 AI 学习。

15. AI 帮你总结新闻：精简报道、提炼评论、简化资讯等

以生成新闻概览为例，你可以这样对 AI 说：

"请帮我总结 [时间范围，如从上周六到今天] 的所有新闻，每条新闻只需要说明重点，不需要介绍详细内容。我对 [内容范围，如科技发展] 这个板块的新闻比较感兴趣，请把这个板块的每篇报道为我总结成精简版，每篇字数不超过 [具体字数]，同时提炼出主要观点和评论。"

下面是一些锦上添花的小技巧。

（1）异常检查：在 AI 生成新闻概览后，对于有疑问的报道，可以要求 AI 提供更详细的背景信息或相关链接。

（2）提供新闻信息源：你可以把自己常用的新闻网站发给 AI，限定 AI 总结这些网站上的新闻。

（3）提供重点评论信息源：如果是生成评论，你可以

向 AI 提供你关注的评论员或专栏的名单和相关链接，这样 AI 在生成时就会优先考虑这些评论员或专栏的观点，确保评论的质量。

16. AI 提供市场洞察: 趋势分析、行为研究、对手监测等

以生成市场洞察报告为例, 你可以这样对 AI 说:

"我是一名 [角色, 如市场营销人员], 我将提供一些市场调研数据和竞争对手分析报告, 请帮我总结这些资料, 生成一份关于智能家居行业的市场洞察报告。报告需包含 [内容要求, 如行业趋势分析、目标客户群体行为研究以及主要竞争对手的监测情况等, 并在报告最后给出建议]。字数控制在 [具体字数] 以内。"(提供详尽的参考资料)

下面是一些锦上添花的小技巧。

(1) 查漏补缺: 在 AI 生成报告初稿后, 仔细审阅并指出可能遗漏或需要进一步深入分析的点。例如, 如果报告提到了智能家居行业的某个新兴技术, 但缺乏具体的应用案例或影响分析, 可以要求 AI 补充这部分内容。

(2) 对 AI 进行个性化训练: 你可以将自己以往的市场分析报告和洞察作为训练材料"喂"给 AI, 以便 AI 学习

你的语言风格和分析逻辑，更好地理解你的工作需求。

（3）谨慎应用：AI 提供的市场洞察仅供参考，不要直接把 AI 给出的总结当结论，要自己进行思考判断。

（4）注意信息安全：在向 AI 提供资料前，对敏感信息进行脱敏处理，避免泄露公司机密或客户隐私。

17. AI 总结知识盲区：找到薄弱、改进练习、填补缺漏等

以总结备考知识盲区为例，你可以这样对 AI 说：

"我是一名 [身份，如准备某考试的考生]，请分析以往我所有考试的错题，总结我知识的薄弱环节和盲区。我希望你帮我 [要求，如总结一份详细的报告，内容包括错题类型、涉及的知识点、我的错误原因以及针对每个知识盲区的改进建议]。"（附详细过往错题）

下面是一些锦上添花的小技巧。

（1）仔细审查，寻求更多资源：在 AI 生成报告后，仔细审查报告中的每一个建议，特别是那些你没有注意到的知识盲区。对于每个盲区，尝试让 AI 提供额外的学习资源或练习题。

（2）有针对性地练习提升：比如要求 AI 提供一些相应的练习题；对于那些持续困扰你的难点，可以要求 AI 进行

更深入的解释。

（3）制订学习计划：可以让 AI 根据你的错题分析报告，生成一个定制化的学习计划，包括每天的学习任务、复习周期以及阶段性测试等。

（4）主动学习，落实行动：在利用 AI 分析错题的同时，也要保持主动学习的态度，积极思考和总结，真正掌握知识。

18. AI 总结发展历程：梳理事件、明确节点、呈现轨迹等

以总结公司发展历程为例，你可以这样对 AI 说：

"我是一名 [角色，如行政助理]，请帮我总结我们公司过去一年的发展历程。内容需包括 [内容要求，如主要事件的时间线、关键节点的详细描述以及整体发展轨迹]。字数在 [具体字数] 左右，语言风格要正式严谨。"（附详细相关资料）

下面是一些锦上添花的小技巧。

（1）审阅修改：在 AI 生成初稿后，仔细检查，对于某些不够准确或清晰的事件描述，可以要求 AI 修改或增加背景信息支持，以确保内容准确完整。

（2）生成多个版本：比如，如果是向公司内部员工汇报，可以更加详细和深入；如果是向外部合作伙伴或投资者介绍，则需要更加简洁明了，突出亮点和成果。

（3）添加视觉效果：比如让 AI 用时间轴展示公司的发展历程，用柱状图或折线图呈现关键指标的变化趋势，或者增加一些实际案例的图片来使内容更加直观。

（4）对 AI 进行个性化训练：你可以将自己参与过的类似项目或撰写的相关文章作为训练材料"喂"给 AI，让 AI 学习你的语言习惯，更深入地了解你的工作需求。

19. AI 总结技术路线：原理阐述、历程回顾、方向预测等

以总结智能手机技术路线为例，你可以这样对 AI 说：

"我是一名 [角色，如数码产品评测师]，请帮我总结智能手机的技术路线。内容需包括 [内容要求，如从功能机到智能手机转型时操作系统、芯片等关键技术原理阐述，回顾从初代 iPhone 发布到当下 5G、AI 融入手机的技术历程，预测折叠屏、卫星通信等未来技术发展方向等]。字数在 [具体字数] 以内，要求通俗易懂且全面。"

下面是一些锦上添花的小技巧。

（1）审阅、修改、补充：对于原理部分，可以要求 AI 提供更为深入的解释或引用相关文献；对于历程回顾，可以要求 AI 补充关键人物的访谈或行业评论；对于方向预测，可以鼓励 AI 结合当前技术趋势和市场需求进行更为具体的预测。

（2）内容可视化：可以要求 AI 在报告中穿插使用图表、流程图和示意图等辅助工具，以更直观地展示技术原理、发展历程和未来方向。

（3）训练 AI：你可以将自己以往的类似文章或技术文档作为训练材料提供给 AI，或者给 AI 明确指定一些关键词汇、表达方式或结构布局等方面的要求。

20. AI 检测系统异常：对比分析、模式识别、根源定位等

以检测系统异常为例，你可以这样对 AI 说：

"我是一名 [角色，如 IT 运维领域的系统管理员]，请帮我检测并分析最近 24 小时内系统出现的异常。具体包括：[要求，如通过对比分析历史数据与当前数据，识别出异常指标；运用模式识别技术，在日志中自动搜索并提取与异常相关的关键信息；最后，基于这些信息，定位问题所在，并提供初步的解决方案建议]。"（附详细相关资料）

下面是一些锦上添花的小技巧。

（1）审阅检查：在 AI 生成初稿后，结合自身的专业知识和经验进行复核。对于 AI 识别出的异常指标和模式，可以要求其提供详细的数据对比和逻辑推理过程。

（2）视情况提出不同要求：例如，对于可能影响系统

稳定性的严重问题，让 AI 提供更详尽的分析和更多的解决方案；对于一些轻微或偶发的异常，可以让 AI 简化分析流程，快速给出处理建议。

（3）训练 AI：你可以定期将历史异常案例和解决方案反馈给 AI，让 AI 进行学习。你也可以利用这些历史数据来验证和评估 AI 的准确性和解决方案的有效性。

4.4 AI 给你建议：衣食住行，吃喝玩乐，全都一网打尽

从晨跑路线规划到跨城搬家攻略，AI 能为你构建全方位的生活决策支持系统。旅行时，AI 为你定制个性化行程；购物时，AI 帮你比较性价比；社交场景中，AI 甚至能推演对话策略，让生活因预见而从容。

1. AI 建议穿搭风格：时尚定位、款式品位、场合搭配等

以寻求穿搭建议为例，你可以这样对 AI 说：

"我是一名 [身份，如市场营销经理]，我的个人基本信息是 [基本信息，如性别、年龄、身高、体重等]。我即将参加一场商务晚宴。这场晚宴的背景是 [介绍背景]。请你根据我的身材特点、肤色 [如白皙、小麦色] 以及晚宴性质，为我设计一套合适的穿搭方案，包括服装款式

[如西装、礼服]、颜色搭配、配饰选择 [如领带、手表、耳环] 等。"

下面是一些锦上添花的小技巧。

（1）提供多套备选方案：可以让 AI 提供多套方案，并分析每套方案的优缺点，以帮助你了解怎样穿搭更合适。

（2）配饰细节推荐：对于一些特定场合，你可以让 AI 结合当前的流行趋势和晚宴主题，推荐一些独特的配饰或细节装饰，如某种款式的丝巾、胸针等。

（3）对 AI 进行个性化训练：你可以向 AI 提供一些你以往喜欢的穿搭照片或品牌，让 AI 学习你的审美偏好，从而生成更符合你期望的穿搭建议；你也可以对 AI 生成的方案进行微调，使其更适合自己。

2. AI 推荐各地美食：地域特色、口味偏好、餐厅评价等

以推荐旅行地美食为例，你可以这样对 AI 说：

"我是一名 [身份，如自由职业者]，计划前往 [具体城市名称] 旅行，我喜欢吃 [口味偏好，如辣味、海鲜、素食等]，请为我推荐几道当地的特色美食以及相应的餐厅和顾客评价，并提供这些餐厅的预订方式和人均消费信息。"

下面是一些锦上添花的小技巧。

（1）说清楚个人需求：尽量详细描述自己的口味偏好和饮食禁忌，如是否吃辣、是否对海鲜过敏等，以便 AI 推荐更符合你偏好的美食。

（2）进一步筛选：AI 一开始推荐的美食和餐厅可能很多，你可以根据自己的行程安排和预算情况，让 AI 进行

筛选；也可以告诉 AI 你的标准，让 AI 为你排序。

（3）多查看顾客评价：可以多查看 AI 提供的顾客评价，也可以在品尝后，将自己的感受和评价反馈给 AI，帮助它优化推荐算法。

3. AI 规划健康饮食：营养分析、饮食平衡、健康建议等

以制订成人饮食计划为例，你可以这样对 AI 说：

"我是一位注重饮食健康的 [身份，如职场人士]，请根据我的 [个人信息，如年龄、性别、身高、体重] 以及健康目标 [如减脂、增肌、保持健康等]，为我制订一周的饮食计划。需包含每日三餐及加餐的食物种类、分量以及营养和热量分析，注重饮食的平衡性和多样性。"

下面是一些锦上添花的小技巧。

（1）讲清楚个人情况：除了身高体重等基本信息，还可以告诉 AI 你的饮食习惯和偏好，如对某种食物过敏、偏好素食或肉食等，以便 AI 制订更符合你需求的饮食计划。

（2）咨询专业人士：在 AI 给出意见后，一定要咨询专业人士，或者查资料验证 AI 提供的相关建议是否

合理。

（3）视实际情况做出调整：比如在执行计划过程中发现某些食物不易购买或烹饪，可以请 AI 提供替代方案。

4. AI 规划旅行方案：地点选择、行程规划、预算控制等

以选择旅行地为例，你可以这样对 AI 说：

"我想出去旅行，就我一个人，时间为 [具体日期] 至 [具体日期]，主要是 [旅行目的，如观光、休闲、文化体验等]，预算范围是 [×× 元至 ×× 元]，我比较喜欢 [个人偏好，如历史遗迹、自然风光、美食探索等]。请为我推荐一些旅行城市，并分别说明这些城市的特点及推荐原因。"（选定旅行地后，可以继续向 AI 提需求，如：为我规划一份详细的旅行方案，包括行程安排、住宿推荐、交通方式、景点介绍以及预算分配等。）

下面是一些锦上添花的小技巧。

（1）详细描述需求：详细描述你的旅行偏好和特殊需求，如喜欢户外活动、需要无障碍设施等，以便 AI 推荐更符合你需求的方案。

（2）生成多个方案，优化细节：你可以要求 AI 多提供

几个方案，然后根据兴趣和预算进行选择；你也可以要求 AI 对某些细节进行优化，如调整行程顺序、增加特色体验等。

（3）根据情况及时调整：旅行过程中，如果需要改变计划，可以要求 AI 根据你的新需求调整方案，确保旅行顺利进行；你也可以将旅行中的感受和建议反馈给 AI，帮助它不断优化算法。

5. AI 推荐打卡景点：文化底蕴、自然风光、拍照角度等

以寻找打卡景点为例，你可以这样对 AI 说：

"我是一位 [身份，如热爱旅行的自由职业者]，计划前往 [目的地名称] 进行一次深度游。请帮我推荐一些融合文化底蕴与自然风光的打卡景点，每个景点需包含 [要求，如历史背景、特色景观及最佳拍照角度]，同时帮我规划一条高效合理的游览路线，预计行程时间为 [天数] 天，每天游览时间不超过 8 小时。"

下面是一些锦上添花的小技巧。

（1）筛选和补充信息：在 AI 推荐景点后，可以结合自己的兴趣和体力进行筛选和信息补充。例如，如果偏爱历史文化，可以让 AI 提供关于某个古迹的详细解说或历史故事。

（2）生成样片，做好准备：可以要求 AI 提供各个景点最佳拍照角度的样片，以便实地游览时能够迅速找到最佳

位置，捕捉最美的瞬间。

（3）准备备选方案：可以让 AI 提供几个备选景点或活动，以应对突发情况或时间变动；也可以让 AI 根据当地的交通状况和景点开放时间，为行程安排提供建议。

（4）事先训练 AI：可以事先分享一些自己以往的旅行照片或游记给 AI，让 AI 了解你的旅行风格和偏好，从而推荐更适合你的景点和行程。

6. AI 推荐住宿方案：价格区间、地理位置、住宿评价等

以寻找合适的酒店为例，你可以这样对 AI 说：

"我是一名 [身份，如热爱旅行的自媒体人]，计划下周前往 [目的地名称] 旅行。请为我推荐几处合适的酒店，要求价格在 [具体价格范围] 内，靠近 [具体地点，如市中心、景点等]，评价高，特别是在卫生、服务和设施方面，同时交通和餐饮方便。"

下面是一些锦上添花的小技巧。

（1）询问更多信息：在获取方案后，可以进一步询问 AI 每家酒店的亮点和特色，比如装修风格是否独特、是否提供早餐、是否有休闲的公共区域等，以便更全面地了解住宿信息。

（2）提供备选方案：可以要求 AI 提供不同价格区间和地理位置的酒店，以便在需要时能够快速调整。

（3）查看细节评价：在查看住宿评价时，除了关注整

体评分外，还可以让 AI 筛选出卫生、服务和设施等方面的具体评价，尤其是近期的评价。

（4）事先训练 AI：可以事先分享一些自己住过的酒店和偏好给 AI，让 AI 了解你的需求，从而提供更加个性化的住宿推荐。

7. AI 推荐出行方案：交通方式、路线规划、出行安全等

以规划出行方案为例，你可以这样对 AI 说：

"我是一名[身份，如热爱旅行的上班族]，计划周末前往[目的地名称]旅行。请结合当前的交通和天气情况，为我推荐一套合适的出行方案，包括从[出发地]到[目的地]的最佳交通方式、详细的路线规划以及出行安全提示。要求省钱省时省力，同时还舒适、安全。"

下面是一些锦上添花的小技巧。

（1）了解方案的优缺点：在 AI 生成方案后，进一步询问 AI 各种交通方式的优缺点，以便做出更适合自己的选择。

（2）准备备选方案：可以要求 AI 多提供几个路线，以便在交通拥堵、天气恶劣等突发情况下迅速调整行程。

（3）事先训练 AI：可以事先分享一些自己以往的旅行经历和偏好给 AI，比如更偏爱哪种交通方式，预算在多少元以内，以便 AI 提供更加个性化的出行建议。

8. AI 推荐综艺节目：娱乐性质、嘉宾阵容、节目评价等

以寻找合适的综艺节目为例，你可以这样对 AI 说：

"请为我推荐一些综艺节目，要求 [类型要求，如比较搞笑、比较温情、引发深思、有教育意义、娱乐性质强或嘉宾阵容吸引人等]，综合评分要高，并附上每档节目的简要介绍和有代表性的评价。"

下面是一些锦上添花的小技巧。

（1）询问细节：在获得节目清单后，询问 AI 每档节目的详细看点，比如嘉宾之间的互动、节目中的亮点环节等，以便更全面地了解节目内容。

（2）快速观看：如果你的时间有限，可以让 AI 为你推荐一些有趣的片段或精彩剪辑，以便你能够快速享受节目乐趣。

（3）事先训练 AI：你可以事先分享一些你以往喜欢或不喜欢的综艺节目给 AI，让 AI 根据你的喜好推荐更适合

你的节目。

（4）获得更多信息：可以让 AI 提供一些与节目相关的背景信息或嘉宾的趣事；也可以让 AI 根据你的观看历史和喜好，推荐一些相似或相关的新节目。

9. AI 推荐影视清单：类型分类、口碑评分、热门推荐等

以寻找高质量的科幻电影为例，你可以这样对 AI 说：

"请为我推荐一些高质量的科幻电影，并附上每部作品的口碑评分和热门推荐理由。最好是一些新颖、有深度的作品，我不喜欢过于商业化的电影。"

下面是一些锦上添花的小技巧。

（1）询问更多信息：在 AI 推荐影视作品后，不妨进一步询问 AI 关于每部作品的导演、主演以及背后的制作故事等信息，以便你更全面地了解作品。

（2）设计观影计划：可以请求 AI 根据作品的时长和剧情节奏，为你推荐适合一次性看完或分多次观看的作品。

（3）事先训练 AI：可以事先分享一些你以往喜欢或不喜欢的影视作品给 AI，让 AI 了解你的观影偏好和风格特点；你也可以告诉 AI 你对演员、导演或题材的偏好，以便 AI 在推荐时能够考虑到这些因素。

10. AI 推荐音乐歌单：音乐风格、歌手推荐、热门曲目等

以推荐流行音乐歌单为例，你可以这样对 AI 说：

"请为我推荐一份流行歌单，里面不少于[具体数量]首歌曲，并附上每首歌的简介和一些典型评价。要求歌曲旋律优美、歌词有深度，我不喜欢歌词低俗的歌曲。"

下面是一些锦上添花的小技巧。

（1）询问更多：比如让 AI 分享一下词曲创作者的创作历程或歌曲背后的情感故事。

（2）更新歌单：可以要求 AI 定期更新歌单，确保你总能听到新鲜、符合当下心情的音乐。

（3）尝试更多音乐类型：比如让 AI 推荐一些与你当前喜好相似但风格略有不同的歌曲。

（4）事先训练 AI：你可以事先分享一些你以往喜欢或不喜欢的歌曲给 AI，让 AI 了解你的音乐偏好。

11. AI 推荐同类书单：题材分类、作者推荐、读者评价等

以寻找同类小说为例，你可以这样对 AI 说：

"我刚读完一部 [具体题材，如历史] 题材的小说，觉得非常精彩。请为我推荐一些同类题材的图书，最好 [要求，如涵盖不同的历史时期和地域背景]，并附上作者简介和读者评价。"

下面是一些锦上添花的小技巧。

（1）询问更多：在 AI 生成书单后，询问 AI 每本书的亮点或特色，以便挑选出最感兴趣的图书。比如，你可以要求 AI 分享每本书的主题思想、主要人物关系或独特写作风格等。

（2）告知偏好：可以告诉 AI 你对某些特定作者或风格的偏好，以便 AI 更精准地把握你的需求。

（3）更多尝试：比如让 AI 推荐一些与你当前所读相似但风格略有不同的作品，或者推荐一些与你兴趣相关但你

尚未接触过的题材，以丰富你的阅读体验。

（4）训练 AI：可以事先分享一些你以往喜欢或不喜欢的图书给 AI，让 AI 了解你的阅读偏好；也可以根据你的阅读体验对 AI 的推荐结果进行反馈，帮助 AI 不断优化推荐算法。

12. AI 分享笑话趣闻：搞笑视频、笑话热梗、生活趣事等

以寻找搞笑视频为例，你可以这样对 AI 说：

"我最近工作学习压力有点大，想放松一下心情。请分享给我一些搞笑视频，逗我开心。我希望这些视频是 [幽默风格，如讽刺的、自嘲的、双关的等]，最好是关于 [要求，如时事热点或生活] 的。"

下面是一些锦上添花的小技巧。

（1）告诉 AI 你的笑点：比如你更喜欢轻松幽默还是讽刺挖苦类的笑话，以便 AI 更精准地把握你的口味。

（2）限定发布时间和热度：为了保持新鲜感，你可以限定笑话和趣闻的发布时间及热度（如抖音热门视频），确保 AI 提供的是最新、最有趣的内容。

（3）事先训练 AI：你可以将你认为有趣的笑话分享给 AI，让 AI 了解你的幽默偏好，从而推荐出更多符合你口味的内容。

13. AI 推荐好物：购物建议、性价比分析、用户评价等

以想要购买耳机为例，你可以这样对 AI 说：

"我最近想购买一款耳机，主要用来 [功能，如听音乐和偶尔的视频通话]，预算为 [具体金额，如 500 元] 左右，请为我推荐几款性价比高、口碑好的产品，并提供它们的典型用户评价，以便我了解它们的实际使用体验。"

下面是一些锦上添花的小技巧。

（1）进行对比：让 AI 对所推荐的产品进行详细对比，以耳机为例，可以从音质、舒适度、降噪效果等方面进行对比。

（2）说明具体需求：比如你更喜欢有线耳机还是无线耳机，是否需要降噪功能等。

（3）查看专业评价：可以查看一些专业测评网站或测评人的评价，以获得更加全面和客观的信息。

14. AI 规划运动健身：运动类型、健身计划、健康监测等

以制订健身计划为例，你可以这样对 AI 说：

"我最近想开始健身，但不知道哪种运动类型适合我。我的基本情况是：[介绍具体情况，如性别、年龄、身高、体重等]，身体状况是[具体描述，如轻度肥胖、有轻微腰椎问题]，我的健身目标是[具体目标，如减脂、增强肌肉力量]，每周能抽出大约[具体时长，如3小时]进行锻炼。请推荐一些适合我的运动类型，并为我制订一份详细的健身计划。"

下面是一些锦上添花的小技巧。

（1）询问更多：在 AI 提供健身计划后，可以询问 AI 每项运动的注意事项和技巧。比如，如果是做瑜伽，可以让 AI 提供一些基础的瑜伽动作和呼吸方法。

（2）定期更新：你可以定期向 AI 更新你的身体状况和健身目标，以便 AI 及时为你调整健身计划。

（3）提供更多数据：你可以把自己的运动量、心率、体重、血压、血脂、血糖等各项指标的变化情况告诉 AI，以便 AI 能够监测你的健康状况，并提供更精准的健身建议。

（4）谨慎决定：AI 提供的健身或健康建议仅供参考，在落实执行前，一定要咨询专业人士或查阅权威资料验证。

15. AI 建议家装陈设：风格定位、空间布局、家居搭配等

以进行新家装修设计为例，你可以这样对 AI 说：

"我正在为新家进行装修设计，希望你能帮我确定一个合适的家装风格，并给出空间布局和家居搭配方面的建议。我喜欢 [具体风格，如现代简约、北欧风情]，希望家中 [要求，如既有休息区也有工作区]。我还有一只宠物狗，请在规划时考虑宠物的活动空间和便利性。"（附户型平面图）

下面是一些锦上添花的小技巧。

（1）进一步沟通：比如，你可以告诉 AI 你更喜欢把光线充足的房间当主卧，或者需要为书籍和收藏品预留足够的展示空间，以便 AI 提供更加贴合实际的方案。

（2）预览效果：你可以要求 AI 生成预览效果图，看看不同风格的家居搭配效果，更直观地感受每种风格带来的氛围和感受。

（3）寻求家居用品推荐：在选购家居用品时，可以让AI推荐一些品质可靠、性价比高的品牌和商家，从中选择符合自己需求的。

（4）让AI更了解你：可以将自己喜欢的家装案例分享给AI，让AI更准确地捕捉你的个人风格，从而为你提供更加个性化的家装建议。

16. AI 帮你鉴赏艺术：背景、风格、鉴赏技巧等

以鉴赏美术作品为例，你可以这样对 AI 说：

"我正在参观一场画展，但对 [某个作品，如《蒙娜丽莎的微笑》] 的理解不够深入。请告诉我这幅画的创作背景、所属风格以及鉴赏技巧。我希望知道 [问题范围，如这幅画的作者、创作年代、当时的社会环境、采用了哪些艺术手法和表现形式等]，我该如何从 [欣赏角度，如色彩、构图、主题等] 方面去欣赏它？"

下面是一些锦上添花的小技巧。

（1）进一步交流：在 AI 生成分析后，你可以进一步告诉 AI 你对这个作品的初步感受，以及你希望从哪些方面更深入地了解它，以便 AI 提供更加个性化的鉴赏建议。

（2）拍照询问不知名作品：对于不知名作品，你可以拍照后发给 AI，询问它这类作品可以从哪些角度鉴赏；或者让 AI 提供一些比较出名的作品，与这件作品进行对比

分析。

（3）了解历史背景：可以让 AI 为你提供一些相关的历史资料和文献，以便你更全面地了解作品所处的时代背景和创作环境。

（4）让 AI 更了解你：你可以将自己过去欣赏过的艺术作品或写过的艺术评论分享给 AI，以便 AI 了解你的艺术偏好和鉴赏水平，为你提供更加精准的艺术鉴赏建议。

17. AI 陪你聊天：避免孤独、打发时间、倾诉情感等

以孤单时的聊天为例，你可以这样对 AI 说：

"今晚我有点孤单，请你陪我聊聊天。我想聊聊 [话题，如我的工作烦恼或生活琐事]，还有最近的一些感受。希望你能像个真正的朋友一样，倾听我的心声，给我一些建议或只是简单地陪伴我，让我感到不再孤单。"

下面是一些锦上添花的小技巧。

（1）保持真诚：在与 AI 聊天时，尽量保持开放和真诚，分享你的真实想法和感受。AI 虽然没有情感，但它能根据你的输入给出相应的回应和建议，帮你理清思路、缓解情绪。

（2）注意保护个人隐私：尽量避免透露过于敏感或私人的信息，可以设定一些聊天边界，确保聊天在安全和舒适的范围内进行。

（3）积极反馈：比如，当 AI 给出一些有用的建议或回应时，可以表达感谢和认可；当 AI 的回应不符合你的期望时，可以耐心地指出并给出更明确的指导，帮助 AI 逐渐适应你的聊天风格和需求。

18. AI 推荐游戏：类型、评价、热门程度等

以寻找合适的单机游戏为例，你可以这样对 AI 说：

"我想要找一款 [具体游戏类型，如策略类、冒险类、解谜类等] 的单机游戏来玩，请给我推荐几款游戏，并附上这些游戏的简要介绍和评价。要求评价较高，热门，不收费，可以用碎片时间来玩。"

下面是一些锦上添花的小技巧。

（1）查阅评论：在 AI 做出推荐后，查看这些游戏的用户评分和评论，了解其他玩家的反馈。

（2）明确需求：你可以告诉 AI 你喜欢的游戏类型，比如是更喜欢剧情丰富的角色扮演游戏还是策略性强的战争游戏等。

（3）查看视频或攻略：在尝试新游戏时，不妨先查看游戏的试玩视频或攻略，了解游戏的基本玩法。

19. AI 推荐社交平台：特色、用户群体、功能等

以寻找合适的社交平台为例，你可以这样对 AI 说：

"我想寻找一个 [具体特色，如具有专业性、趣味性或国际性等] 的社交平台，用户群体最好是 [具体描述，如年轻人、专业人士、国际友人等]。请为我推荐几个符合需求的社交平台，并附上它们的特色、用户群体和主要功能。"

下面是一些锦上添花的小技巧。

（1）查看评价：在 AI 为你推荐社交平台后，你可以先查看它们的用户评价和反馈，了解其他用户的体验；也可以参考平台的用户数量和活跃度，判断平台的受欢迎程度。

（2）以游客身份体验：在尝试新的社交平台时，不妨先以匿名或游客的身份进行体验，了解平台的基本功能和用户氛围。

（3）多提供个人偏好：可以向 AI 多提供一些关于你自己的信息和偏好，比如你更喜欢与哪些类型的人交往，更喜欢参与哪些类型的活动或话题讨论，更喜欢社交平台上有哪些内容等。

20. AI 推荐应用程序：功能、评价、热门程度等

以寻找学习类应用程序为例，你可以这样对 AI 说：

"我正在寻找一款能够 [需求方向，如进行钢琴学习] 的应用程序，我希望它能够 [具体功能，如提供流行歌曲钢琴谱]。请你根据我的需求，推荐几款功能强大、评价较好且热门的应用程序，并附上它们的主要功能、用户评价等信息。"

下面是一些锦上添花的小技巧。

（1）查看评价：在 AI 为你推荐应用程序后，你可以先查看用户评价，特别是那些与你的需求密切相关的评价；也可以参考应用程序的下载量，以判断其受欢迎程度。

（2）了解后再使用：你可以先查看教程或帮助文档，了解基本操作和基本功能后再使用；也可以通过 AI 获取常见问题解决方案，以更好地使用程序。

（3）多提供个人偏好：比如，你可以告诉 AI 你是更喜欢功能丰富的应用程序还是功能单一的，是否愿意为优质应用付费等，以便 AI 推荐更符合你期望的应用程序。

4.5 AI 助你成长: 生活、学习、工作，变得越来越简单

1. AI 帮你秒懂陌生学科: 概念、发展、趋势等

以寻求学科介绍为例，你可以这样对 AI 说:

"我刚开始学习 [具体学科名称]，请帮我整理一份该学科的详细介绍，内容需涵盖 [内容要求，基本概念、发展历程、当前的研究热点、未来趋势等]。字数控制在 [具体字数] 以内。要求语言清晰明了，对所有专业术语都用非专业人士听得懂的方式解释（可以用类比的方式辅助说明）。同时，确保信息的准确性和时效性。"

下面是一些锦上添花的小技巧。

（1）要求 AI 进一步解释: 对于不确定的概念或表述，可以请 AI 进一步解释或提供权威来源。

（2）要求 AI 推荐更多资料：对于 AI 提到的关键术语或研究热点，你可以要求其推荐更多相关资料，以更全面地了解该学科的发展。

（3）对 AI 进行个性化训练：你可以将自己的研究兴趣、关注点或疑问分享给 AI，以便 AI 更好地了解你的需求，提供更有价值和针对性的见解。

2. AI 为你构建知识体系：梳理、搭建、深化等

以搭建知识框架为例，你可以这样对 AI 说：

"我是一名 [具体职业，如软件工程师]，正在学习 [具体领域，如人工智能算法]。请帮我 [要求，如梳理该领域的知识体系，搭建一个清晰的知识框架，并给出这些框架的内容介绍]。输出形式为 [输出形式，如思维导图或详细文档]。请确保信息准确、有时效性，尽量引用权威资料和最新的研究成果。"

下面是一些锦上添花的小技巧。

（1）检查和进一步交流：在 AI 生成初稿后，先浏览一遍，看看是否有遗漏或不够深入的地方。对于不确定或模糊的知识点，可以要求 AI 进一步解释或提供相关的例子。

（2）要求推荐学习资源：对于 AI 提到的关键概念和主题，要求其推荐相应的学习资源，或者提供更多相关主题，

以拓宽视野。

（3）对 AI 进行个性化训练：你可以向 AI 详细描述你的学习习惯、偏好以及期望的学习成果，比如你喜欢图文结合的学习方式，或者希望知识体系能够侧重于实践应用，以便 AI 提供更个性化的学习体验。

（4）进行实际学习：看到知识体系不等于系统学到了知识，学习需要时间，需要付出努力和思考，也需要进行练习和应用。

3. AI 帮你整合多领域知识：融合、拓展、创新等

以学习跨领域知识为例，你可以这样对 AI 说：

"我是一名 [身份，如科技咨询分析师]，正在研究一个跨领域的项目，需要整合 [具体领域，如人工智能、大数据分析、市场营销] 等多方面的知识。请帮我生成一份详细的报告，字数控制在 [具体字数] 以内，内容需涵盖这些领域之间的关联以及可能的创新应用。要求既专业严谨，又易于理解，能够为我提供清晰的思路和可行的建议。"

下面是一些锦上添花的小技巧。

（1）检查询问：仔细检查 AI 生成的报告，确保不同领域的知识确实得到了有机融合。对于报告中提及的专业术语或复杂概念，可以让 AI 进一步解释或提供案例。

（2）引导 AI 思考和创新：在整合多种知识的过程中，可以鼓励 AI 进行跨界思考和创新。你可以向 AI 提出具体

的创新需求，如"请结合人工智能和大数据分析，提出一种新型的市场营销策略"。

（3）训练 AI 生成个性化内容：可以向 AI 详细描述你的研究背景、你想达到的目标、你想解决的问题或者你期望获得的启发，以便 AI 生成更符合你需求的内容。

4. AI 搜寻学习资源：线上、线下、书籍等

以寻找备考资源为例，你可以这样对 AI 说：

"我是一名 [身份，如数学专业的学生]，请为我搜寻并整理一份关于 [考试类型，如教师资格证考试] 的学习资源清单，包括 [内容要求，如线上课程、线下培训机构、参考教材和重难点]。要求 [具体要求，如资源权威、内容全面，适合新手]。"

下面是一些锦上添花的小技巧。

（1）先看评价：在 AI 推荐资源后，先浏览资源简介和用户评价，筛选出最适合自己的资源，再进行深入学习。

（2）深度分析比较：对于找到的学习资源，可以要求 AI 深度分析和比较师资力量、课程质量、学员评价、课程价值等，为你提供全面的决策参考。

（3）总结要点：对于学完的课程，可以要求 AI 帮助整理笔记，提炼关键点，以便你快速掌握核心内容。

5. AI 辅导课业：批作业、解难题、答疑问等

以帮助批改练习题为例，你可以这样对 AI 说：

"我是一名 [身份，如高三学生]，请为我批改这些数学练习题，并针对错题给出详细的解题步骤和思路。对于我没有作答的题目，请进行讲解。"（提供练习题）

下面是一些锦上添花的小技巧。

（1）先自行检查：先自行检查一遍，确保没有因为粗心大意导致的错误，以便 AI 更准确地识别出你的知识盲点。

（2）独立解答：不要满足于 AI 给出的解题步骤和思路，要尝试自己独立解答一遍，以加深记忆和理解。这个过程也可以验证 AI 的解答是否准确。如果仍有疑问或者发现 AI 的解答有误，可以让 AI 重新讲解。

（3）定制学习计划：你可以让 AI 根据你的错误情况分析你的弱项和短板，并为你定制个性化的学习计划。

6. AI 辅助练习：出考题、找问题、提建议等

以生成练习题为例，你可以这样对 AI 说：

"我是一名 [角色，如备考 × × 证书的考生]，请为我生成一套涵盖 [具体科目] 核心知识点的练习题，难度级别为 [级别，如初级、中级、高级]，题目设置与数量要求为 [具体要求]。"

下面是一些锦上添花的小技巧。

（1）灵活调整：比如对于已经掌握的知识点，可以适当减少练习；对于不够熟悉的内容，可以增加练习。

（2）重点复习：认真对待 AI 找出的知识薄弱点和易错题型，可以将这些问题记录下来，形成自己的错题本。

（3）生成模拟题：你可以让 AI 参照历年真题的知识点分布生成模拟试卷，并在作答后让 AI 批阅。

7. AI 帮你提升面试技巧：模拟、反馈、指导等

以进行模拟面试为例，你可以这样对 AI 说：

"我是一名 [身份，如 IT 行业的软件工程师]，准备参加一家知名科技公司的 [目标职位，如软件项目经理] 的面试。请你为我进行一次模拟面试，问题涵盖技术能力和职业素养等方面。在模拟过程中，请实时提供反馈，指出我在回答时的不足之处，并给出改进建议。之后，请基于我的表现，为我定制一份面试准备指南，包括常见问题及回答策略、面试礼仪和心态调整等方面的内容。"

下面是一些锦上添花的小技巧。

（1）提供更多资料：在开始之前，先准备一份详细的自我介绍和职业规划，让 AI 了解你的背景和期望。同时，向 AI 提供目标岗位的岗位说明和更多信息，以便 AI 更准确地模拟面试场景和问题，提供更有针对性的指导。

（2）积极面对：在模拟面试过程中，不要害怕犯错或

表现不好；相反，要积极向 AI 提问和请教，了解自己在哪些方面还有提升空间。你可以请求 AI 多次模拟同一类型的问题，以加深印象和巩固技巧。

（3）反复练习：在收到 AI 的反馈和指导后，一定要反复练习；可以找朋友来帮你模拟面试，或者自己对着镜子练习，将学到的技巧转化为实际能力。

8. AI 助你职业生涯发展：规划、转型、晋升等

以制订职业转型规划为例，你可以这样对 AI 说：

"我是一名 [身份，如互联网行业的产品经理]，目前正考虑职业转型，想探索人工智能领域的机会。请帮我制订一份详细的职业规划，包括 [要求，如转型所需的技能提升路径、潜在的职业发展方向，以及行业内具有影响力的企业和项目等]。同时，请结合我的个人背景和期望，为我推荐一些学习资源和职业发展机会。"

下面是一些锦上添花的小技巧。

（1）提供详细的背景信息：如工作经验、教育背景、技能掌握情况等，这有助于 AI 分析你的职业现状和发展潜力，为你提供更加贴合实际的规划建议。

（2）谨慎采纳：不要盲目听从 AI 提供的建议，要结合自己的实际情况和市场趋势，或者进一步咨询更有行业经验的人。

（3）定期互动：为了更有效地利用 AI，可以定期与 AI 进行互动和反馈。分享你的职业进展和困惑，让 AI 了解你的最新情况，从而为你提供更加精准和个性化的指导。

（4）持续成长：除了用 AI 外，也要注重自我学习和成长。通过参加培训课程、阅读专业书籍、参与行业交流等方式，不断提升自己的专业技能和综合素质。这样，你才能更好地适应职业发展的需要，实现个人价值最大化。

9. AI 帮你提高沟通能力：协调、谈判、安抚等

以寻求沟通策略为例，你可以这样对 AI 说：

"我是一名 [角色，零售行业门店主管]，在 [具体场景，如处理团队协作、客户谈判以及员工安抚等沟通事务] 时遇到了困难。请你为我提供一套针对性的沟通策略，[比如，如何有效协调团队内部矛盾，如何在谈判中争取最大利益，以及如何用恰当的话语安抚员工情绪]。我希望你能根据具体的沟通场景和对象，和我进行模拟对话，评价我的应答和处理方式，为我提出更多建议，以便我更好地准备和应对。"

下面是一些锦上添花的小技巧。

（1）模拟练习比知道策略更重要：不能满足于得到沟通策略，用 AI 进行模拟练习才更重要。模拟对话可以测试不同沟通策略的效果，有助于你掌握沟通技巧。

（2）多让 AI 给自己提意见：AI 提供的反馈和建议可

以帮助你发现沟通中的盲点和不足，从而有针对性地改进。

（3）对 AI 进行个性化训练：可以分享一些你过去的沟通案例和成功经验给 AI，以便 AI 更好地学习你的沟通风格和策略，提供更适合你的沟通建议。

（4）多与人实际沟通：与 AI 交互只是辅助，只有多和人沟通，才能切实提升沟通能力。在与人沟通出现问题时，可以及时和 AI 讨论，然后再与人沟通验证策略的有效性。如此循环往复，你的沟通能力就会大大提升。

10. AI 帮你改善人际关系：融入、相处、协作等

以融入新团队为例，你可以这样对 AI 说：

"我是一名 [角色，如 IT 行业软件工程师]，刚加入一个新团队，我想知道怎么能快速融入团队，与同事和谐相处、高效协作。请帮我制定一些策略，涵盖 [内容要求，如怎样了解团队文化、如何与不同性格的同事建立良好的关系，以及在团队协作中如何发挥我的专业优势等方面]。"

下面是一些锦上添花的小技巧。

（1）自我反思：在 AI 生成建议后，对照思考自己在过去的人际交往中遇到过哪些相关的问题，这种反思能够让你更好地利用 AI 的建议。

（2）模拟对话：提前准备一些与同事交流的开场白和话题，和 AI 进行模拟对话。这有助于你在实际交流中表现得更加自然。

（3）对 AI 进行个性化训练：可以分享一些你过去的团队经验和案例给 AI，这有助于 AI 了解你的沟通方式和团队协作习惯，从而更好地提供建议。

11. AI 帮你控制情绪：排解烦恼、缓解压力、平复心情等

以缓解压力为例，你可以这样对 AI 说：

"我今天 [情绪起因和状态，如工作上遇到了一些挫折，感觉压力很大，心情很糟……]。请为我提供一些缓解压力的方法，以及一个平复心情的计划。计划要具体可行，适合我当前的情况。"

下面是一些锦上添花的小技巧。

（1）照顾好身体：身体和情绪是息息相关的，在照顾情绪的过程中，不要忽视对身体的照顾。要保持良好的作息习惯，保证充足的睡眠和饮食均衡。

（2）做好记录，进行反馈：在应用 AI 提供的方法时，最好记录自己的感受和变化。这有助于你觉察哪些方法有效，哪些方法需要调整或放弃。同时，也可以让 AI 根据你的反馈，进一步优化建议。

（3）对 AI 进行个性化训练：可以在对话中详细描述自己的感受、想法和经历，这有助于 AI 更全面地了解你的情况，提供更符合你需求的情绪管理建议。

12. AI 帮你化解矛盾: 解决投诉、处理冲突、协调分歧等

以处理客户投诉为例, 你可以这样对 AI 说:

"我是一名客服人员, 正在处理一起客户投诉。客户对 [具体服务环节] 表示极度不满, 具体情况是 [具体的不满状况]。客户现在的情绪非常激动, 请帮我分析对话内容, 识别问题关键, 并提供一套有效的回应策略, 以解决问题, 重建信任, 挽回公司损失。"(提供与客户的对话内容)

下面是一些锦上添花的小技巧。

(1) 思考之后再行动: 在 AI 提供回应策略后, 先深入理解、思考、体会, 再根据实际情况有选择地实施, 毕竟人对现场状况的分析比 AI 更敏感和有效。

(2) 保持真诚: 化解矛盾不能只依靠话术, 真诚的态度更为重要。只有保持真诚, 让对方感受到你的关心和尊

重，对方才会对你产生信任。而信任是化解矛盾的基础。

（3）日常进行模拟训练：你可以让 AI 模拟各种工作、生活或学习中可能出现的矛盾场景，让 AI 扮演不同的角色与你交流，并对你的反馈进行评价，引导你调整自己的沟通方式和对话技巧。

13. AI 训练批判性思维：质疑、辩论、对比等

以准备辩论赛为例，你可以这样对 AI 说：

"我是一名 [角色，如辩论队成员]，正在准备一场关于 [主题，如在线教育与传统教育优劣对比] 的辩论赛。请你帮我 [要求，如分析相关资料和数据，提炼出最有力的论据，构建出清晰的论点，并模拟对方的可能反驳，提供有效的应对策略]。同时，我希望你能够基于批判性思维，质疑和修正我的论点，确保论点严谨、有说服力。"

下面是一些锦上添花的小技巧。

（1）认真审视：在 AI 提供论据和论点后，不要急于接受，可以试着从不同角度审视这些论据和论点，看看它们是否存在逻辑漏洞。这个过程也能够提升你的批判性思维能力。

（2）平时多质疑 AI：平时和 AI 沟通时，可以有意提出一些和 AI 不同的观点、数据和案例，让 AI 进一步

分析解释，这能够帮助你看到一些问题的本质和关键。同时，也要学会将不同观点联系起来，形成自己的独特见解。

（3）训练 AI：为了让 AI 更好地理解和满足你的需求，你可以在与 AI 互动的过程中，不断提供反馈和修正，让 AI 逐渐适应你的思维方式。

14. AI 帮你提高情商：识别情绪、面面俱到、收获人缘等

以进行商务社交为例，你可以这样对 AI 说：

"我是一名 [身份，如客户经理]，正在参加一场重要的商务活动。下面是刚才客户和我的谈话内容与背景。请帮我识别并分析对方的情绪变化，并告诉我应该怎么回应。"（附谈话内容和背景）

下面是一些锦上添花的小技巧。

（1）模拟练习：平时就让 AI 模拟各种社交场景、扮演不同的角色与自己对话，或者给自己出一些社交难题，以锻炼自己的情商。

（2）注意肢体语言：在与他人交流时，要留意他人的肢体动作和面部表情等。这些信息往往能够更直观地反映对方的真实情绪。结合 AI 的分析，你可以更加全面地理解对方，做出更加恰当的回应。

（3）训练 AI：你可以在日常交流中对 AI 的分析结果不断进行反馈和修正，也可以多向 AI 提供沟通对象的语言、行为和情绪反应，帮助 AI 不断学习和优化。

15. AI 帮你恰当表达：发言、回应、汇报等

以拒绝领导要求为例，你可以这样对 AI 说：

"我是一名 [角色，职场人]，上级领导希望我 [领导要求，如今晚加班写方案，但我由于 [具体原因，如今晚恰好约了朋友]，没法答应。请为我撰写一条微信回复说明情况。要求语气礼貌诚恳，委婉表达我不能加班的理由。"

下面是一些锦上添花的小技巧。

（1）根据实际情况修改：在 AI 生成内容后，要根据自己的语言习惯进行调整，使表达更加自然和个性化。

（2）模拟各类情况和相应的回应：可以让 AI 模拟做出回复后对方可能的反应，并针对这些反应进一步准备相应的回应，这有助于你从容地应对各种突发情况。

（3）训练 AI：你可以向 AI 提供你过往的沟通记录，帮助 AI 学习你的语言习惯、表达方式和思维逻辑，从而生成更符合你个人特点的表达。

16. AI 帮你提高思考能力：逻辑、系统、反思等

以构建思考框架为例，你可以这样对 AI 说：

"我是一名 [角色，如项目经理]，请帮我构建一个关于 [主题，×× 项目策划] 的系统思考框架。这个框架需要包含但不限于 [要求，如项目的目标、任务分解、时间节点、资源分配、风险评估以及应对策略]。"

下面是一些锦上添花的小技巧。

（1）不断提问，与 AI 持续互动：比如，你可以问 AI："这个环节是否存在逻辑漏洞？"或者"这个策略是否考虑了所有可能的风险？"这样的互动能够提升你的逻辑思考能力。

（2）持续总结：比如思考 AI 的建议是否真正有效，是否还有其他的解决方案，以及这些方案之间的对比。

（3）训练 AI：你可以多提供一些具体的案例和背景信息给 AI，让 AI 学习你的思考习惯和决策逻辑，提供更贴合你个人需求的建议。

17. AI 帮你管理时间：盘点、分配、优化等

以管理工作时间为例，你可以这样对 AI 说：

"我是一名 [角色，如项目经理]，请帮我管理一下我的工作时间。首先，帮我盘点一下今天和本周的所有工作任务和会议安排：[相关资料]；其次，根据任务的紧急程度和重要程度，合理分配我的工作时间；最后，优化我的日程安排，确保我有足够的时间专注于关键任务和休息放松。"

下面是一些锦上添花的小技巧。

（1）审查后再执行：仔细审查方案中的每项任务和时间节点，确保它们与你的实际工作情况相符。如果发现有不合理的地方，及时与 AI 沟通调整。

（2）持续反馈，优化方案：比如，你可以告诉 AI 你更喜欢在上午处理重要任务，下午进行总结和规划。

（3）设置好相关提醒：规划好时间后，为自己设置重要任务或会议的提醒，确保不会错过任何重要事项。

18. AI 助你判断决策：发散、筛选、评估等

以进行决策分析为例，你可以这样对 AI 说：

"我是一名 [身份，如金融行业投资分析师]，请帮我进行一项投资决策的辅助分析。首先，我希望你能够基于我提供的资料，发散性地提出多个可能的投资方案：[详细资料]；其次，从这些方案中筛选出最具潜力和可行性的几个；最后，对筛选出的方案进行详细的评估，从风险、收益、市场接受度等方面。"

下面是一些锦上添花的小技巧。

（1）探讨方案的优劣：利用 AI 的对比分析功能，对每个方案的优劣进行深入探讨。你可以这样问 AI："这个方案相比其他方案有哪些优势？"或"这个方案的风险点在哪里，如何规避？"

（2）介绍个人偏好和风险承受能力：比如，如果你更倾向于稳健的投资策略，可以让 AI 优先筛选出风险较低、

收益稳定的方案。

（3）与 AI 深入探讨：尝试与 AI 进行深入的讨论，了解其评估背后的逻辑和方法。你可以向 AI 提问："这个评估结果是如何得出的？"或"有哪些因素影响了评估结果？"通过这样的互动，你可以提升自己的决策能力。

19. AI 帮你管理预算：规划、监控、调整等

以进行月度预算管理为例，你可以这样对 AI 说：

"我是一名 [身份，如自由职业者]，请帮我管理一下本月的个人预算。具体要求如下：[根据我的收入情况和必要支出（如房租、食物、交通等），帮我制订一个合理的月度预算规划；根据我的日常支出（定期录入），确保每笔支出都在预算范围内；如果某项支出超出预算或有突发情况需要调整预算，请及时给出建议和解决方案。]"

下面是一些锦上添花的小技巧。

（1）提供详细信息：尽量详细列出每项支出，并考虑一些可能的额外支出，如医疗、娱乐等，以便 AI 更全面地考虑你的需求，避免遗漏重要支出。

（2）根据实际情况管理预算：不要盲目接受 AI 的预算规划或调整建议，要结合自己的实际情况和需求进行调整；也可以向 AI 解释你的决策理由和需求，以便 AI 更好地为

你服务。

（3）训练 AI 提供个性化服务：你可以定期向 AI 提供你的收支记录，以便 AI 更深入地了解你的消费习惯和财务状况，为你提供更精准的预算管理和建议。

20. AI 为你提示风险：人身、财产、信用等

以评估出国旅行风险为例，你可以这样对 AI 说：

"我计划前往 [具体国家] 旅行，请为我全面评估 [风险种类，如此次旅行的人身安全风险、财产安全风险等]，并提供相应的预防措施和应急方案，风险因素包括但不限于 [要点，当地的安全局势、常见盗窃手段、信用卡使用注意事项等] 内容。"

下面是一些锦上添花的小技巧。

（1）确认核实：对于 AI 提到的特定风险，可通过查阅相关资料进行核实，确保信息的准确性。

（2）做好应对风险的准备：比如，对于旅行过程中丢失物品的情况，可以模拟报警流程或保险公司的理赔流程。

（3）多种场景应用：AI 可以进行多种场景、事件或状态下的风险提示，如金融领域、网络安全领域、环境领域、自然灾害领域、企业管理领域、个人生活领域等。

使用 AI 工具 ＿＿＿＿ 后

我有这些心得

使用 AI 工具＿＿＿＿＿＿＿后

我有这些心得

使用 AI 工具＿＿＿＿＿＿＿后

我有这些心得

使用 AI 工具＿＿＿＿＿＿＿后

我有这些心得

使用 AI 工具 _____后

我有这些心得